AF274800

IA: DESAFÍOS Y OPORTUNIDADES

EDICIONES PALABRA
Madrid

© Jesús López Fidalgo, 2025
© Ediciones Palabra, S.A., 2026
Ronda del Caballero de la Mancha, 59 - 28034 MADRID (España)
Telf. (34) 91 350 77 20 - (34) 91 350 77 39
www.palabra.es
palabra@palabra.es

Diseño de colección: Raúl Ostos
ISBN: 978-84-1368-526-7
Depósito Legal: M-26.933-2025
Printed in Spain – Impreso en España

JESÚS LÓPEZ FIDALGO

IA:
DESAFÍOS Y
OPORTUNIDADES

PALABRA

ÍNDICE

1.
INTRODUCCIÓN

Objetivo de este libro

Se suele escuchar hoy día que el medio en el que el hombre está desarrollando su vida está cambiando a un ritmo nunca visto antes. Esta es quizá la novedad, la velocidad de los cambios. En este breve ensayo no se pretende predecir el futuro, que muchos autores trataron de predecir y, salvo unos pocos, no pudieron quedar más lejos de la realidad. No hemos colonizado el espacio ni el fondo del mar, como muchos autores de ciencia ficción predijeron, incluso con la vista puesta en años que ya pertenecen al pasado. Ejemplos son la película *Odisea 2001 en el espacio*, de 1969, o el libro *1984* de Orwell, de 1949. Este último, sin embargo, sí que fue capaz de predecir una monitorización y control que hoy nos resulta familiar. Sin embargo, estamos asistiendo a un salto impredecible en el mundo de las comunicaciones y ahora en la explotación de los datos, que han superado la ficción. El gran artífice es el desarrollo de la *electrónica*, que ha permitido el desarrollo de *Internet*, algo que nadie (o casi nadie) pudo prever. Juntamente a esto, la *teoría de la señal* ha sido también determinante.

Desde hace años hemos entrado todos, o casi todos, los seres humanos en esa gran red que llamamos Internet. Los que aún no lo han hecho, van entrando poco a poco. En cierta medida, obligados por el sistema, es decir, por las empresas que hay detrás y que obtienen mucho beneficio de subirnos a todos a este carro. Me explico, hay muchas operaciones vitales que lo requieren, desde operaciones en el banco hasta la compra de unos billetes de tren o reservar hora, e incluso calle, en la piscina de tu club.

La teoría de la señal está estrechamente relacionada con los sensores, que son dispositivos que capturan señales del mundo físico y las convierten en señales eléctricas que se convierten en datos, que pueden ser analizados, procesados o transmitidos. Son los avances en este campo los que han introducido en la red, no solo a las personas, sino también a las cosas. Es el llamado *Internet de las cosas*. Nuestro frigorífico puede estar conectado y enviar una señal al supermercado cuando se está agotando la leche.

Hablaremos de la Inteligencia Artificial (IA), pero sobre todo de las nuevas tecnologías, que incluyen a la IA. A lo largo del libro hablaremos de «una IA» para referirnos indistintamente a un generador de contenido, a una aplicación informática que utiliza IA en su interior, a un modelo o a un algoritmo.

Un último mensaje para el lector. En este libro se incluyen unas pocas descripciones de realidades que no admiten opinión. Puede que se haya acertado más o menos con su explicación, pero son lo que son. Incluso cabe la posibilidad de que haya errores e imprecisiones, por los que desde este momento pido disculpas. Dicho esto, la mayor parte del libro expresa opiniones o puras reflexiones. Me alegraré mucho cuando me encuentre con algún lector que me diga algo del estilo: «No estoy de acuerdo con lo que dices sobre…». Será señal de que se ha cumplido el objetivo de hacer reflexionar sobre muchos temas que plantea este escenario tan actual e inquietante.

En la segunda década de este siglo surgen dos palabras mágicas que se hacen virales: *big data*. Esto hace referencia a la gran capacidad de registrar datos que ofrecen las actuales tecnologías y la posibilidad de «sacar petróleo», información útil y valiosa, de ellos. Asistimos a una proliferación sin precedentes de estudios universitarios y científicos sobre esa disciplina. Muchas personas se plantean cuestiones como las siguientes: ¿Qué datos estoy proporcionando en mi vida personal o profesional? ¿Quién y cómo los utilizan? ¿Dónde está el negocio de los datos? ¿Qué hay detrás de aceptar o no las *cookies*? ¿Cómo es posible que reciba publicidad e información (Google) tan personalizada para mí? ¿Están seguros mis datos bancarios?

En este libro veremos algunos puntos que se refieren a la relación del hombre con la tecnología y cómo esta configura cada vez más su vida. No se puede hacer IA sin datos y la posibilidad de disponer de modo casi inmediato de grandes cantidades de datos *(big data)* ha contribuido al enorme salto que se ha producido en la IA. El libro comienza con una introducción que ayuda a centrar el tema. A continuación, hay tres capítulos titulados pasado, presente y futuro, que buscan poner los pies en el suelo. Estos apartados buscan observar lo que ha ocurrido en el pasado, más o menos próximo, que nos ha tenido hasta aquí y cómo estar preparados para lo que podría venir. La estructura tiene el inconveniente de que no es fácil hablar de cuestiones pasadas sin mencionar el presente y el futuro y al revés. Acabaremos el libro con un epílogo que pone encima de la mesa algunos retos derivados de la IA.

¿Qué es la IA?

El concepto de IA está en continua evolución. Más adelante veremos algunas definiciones de referencia, como es la que proporciona el nuevo reglamento europeo o las normas ISO. Sin pretender dar una definición única y concluyente, vamos a analizar los puntos clave de lo que solemos entender por IA:

1. *Semejanza* con el funcionamiento de la inteligencia humana, en particular con el *razonamiento* y el aprendizaje.

2. Como hemos comentado, la pieza clave es el *aprendizaje (learning)*. Se habla así de *machine learning, deep learning, active learning*, etc.

3. *Mejora* de las capacidades humanas. Ya el ábaco mejoraba la capacidad humana de cálculo. Esto se ha visto incrementado exponencialmen-

te con las nuevas tecnologías y el aumento de la capacidad de computación.

Esta comparación entre el ser humano y una máquina siempre ha sido para la humanidad un motivo de intranquilidad y especulación de un mundo de convivencia o de lucha entre unos y otros. Se llama *singularidad tecnológica* o *super IA* al momento en el que un sistema de IA sea capaz de automejorarse recursivamente, o producir sistemas de IA mejores que él mismo y quizá entrar en un proceso incontrolado. Sería una inteligencia no comparable a la humana, de hecho, incomprensible para nosotros. Suele decirse que nosotros no podríamos abarcarla del mismo modo que una hormiga no es capaz de entender la inteligencia humana. La *IA general* o *fuerte* se refiere más bien al momento en el que ya no se pueda distinguir entre un ser humano y un sistema de IA. Solo para un evolucionista materialista tiene sentido debatir la existencia de estos dos tipos de IA. Para quien cree en la espiritualidad del alma humana que permite la autoconsciencia, lo que se puede hacer desde el mundo de la inteligencia artificial es pura *emulación*, incluida la capacidad de decisión o incluso un fingido sentimiento. Eso sí, en algunos aspectos podría llegar a ser imperceptible la diferencia, aunque siga existiendo y, de hecho, sea insuperable para la IA. El test de Turing presenta el problema de distinguir si se trata de un ser humano o de un sistema de IA. Pero incluso si una persona humana no fuera capaz de distinguirlo, otro sistema de IA podría hacerlo en su lugar. Abundaremos en esta idea más adelante. Tampoco un ser humano es capaz de volar y un avión lo hace por él, sin que eso nos asuste. Lo que ahora mismo existe y que muchos pensamos que mejorará enormemente con singularidades importantes, pero puramente materiales, es la llamada *IA específica* o *débil*.

En realidad, de todo esto se habla de modo metafórico. En particular, el aprendizaje automático tiene muy distintas categorías a las del aprendizaje humano. No hay que olvidar que un sistema de IA hace lo que le pides y aprende como le has enseñado a aprender, a través de unos algoritmos, que son una sistematización parcial de cómo pensamos. Lo que no quiere decir que no pueda ir más allá y aprender a aprender. Los programas que juegan al ajedrez y que ya son capaces de ganar a los campeones han desarrollado jugadas y estrategias que nunca se habían hecho hasta ahora, es decir, nadie se las ha enseñado. A primera vista resulta inquietante, pero en realidad lo han aprendido con el procedimiento que les hemos enseñado. Después, gracias a que tienen una mayor capacidad memorística y, por tanto, computacional, nos superan en ese sentido. También un coche nos supera en velocidad. Ya hace mucho que un ordenador es capaz de hacer operaciones matemáticas que nosotros no podemos hacer, quizá porque nos falte tiempo para ello, pero no porque no sepamos cómo se hace o perdamos el control de ello.

La *realidad aumentada* y en particular la *persona humana aumentada* se ha venido dando desde que el hombre primitivo comenzara a utilizar herramientas que él mismo fabricaba. Una persona con un hacha en la mano es ya un humano aumentado. Ahora mismo una persona con un móvil en la mano es alguien con un poder «sobrehumano». Por ejemplo, es capaz de encontrar una dirección sin tener ninguna idea de dónde está ese lugar. Se suele decir que, para conocer una ciudad, lo mejor es patearla y perderse en ella. Previamente quizá se ha estudiado un mapa situando los lugares de interés. Y lo que es más bonito, cuando uno en la calle se siente perdido tiene la opción de preguntar a alguien, quizá chapurreando otro idioma que apenas conoce. Eso requiere un tiempo y un estudio. Surge así un problema para el nuevo ser humano. ¿Ya no es importante saber en profundidad cuándo tienes un dispositivo que te va a ayudar? Por ejemplo, cuando se haya desarrollado un sistema de traducción inmediata del habla, podremos comunicarnos con otra persona con un idioma completamente desconocido para nosotros sin necesidad de haberlo estudiado, ni habernos beneficiado del enriquecimiento cultural asociado al aprendizaje de un idioma. ¿Será innecesario el aprendizaje de otros idiomas? Una vez más, para ver la televisión no es necesario saber cómo funciona la tecnología que hay detrás. Quizá lo más peligroso es ignorar que detrás hay una tecnología a la que llegaron otras personas. Será necesario que algunos la conozcan bien para seguir desarrollando nueva tecnología. La cuestión inquietante es si incluso eso podría hacerlo una IA.

A la entrada de la academia de Platón lucía esta frase:

Ἀγεωμέτρητος μηδεὶς εἰσίτω

La traducción es más o menos: «No entre aquí quien no sepa geometría». En aquellos tiempos, por geometría se entendía un conocimiento más amplio que lo que hoy entendemos por esta disciplina, pero me gusta recordar que el conocimiento profundo de las cosas nos permitirá no perder el control de este mundo, en la medida en que podamos tenerlo, que es limitada.

¿Cómo sacan petróleo de mis datos?

Para no caer en temores infundados ni en riesgos inadvertidos, es conveniente saber qué es exactamente lo que pueden hacer con mis datos. Obviamente, si sirven para salvar vidas o para hacer la vida más amable a otras personas, todos cederíamos nuestros datos con gusto. De hecho, en muchas ocasiones es así. En otras pueden tener fines perversos, pero esto no es muy distinto a otros ámbitos de la vida. Probablemente en el siglo XIII se vivía con muchos más peligros de los que se nos ofrecen ahora, eso sí, eran muy distintos. En otras ocasiones, una organización se beneficia de nuestros datos, por ejemplo, sacando rentabilidad económica. Parece de justicia que siendo así, además de pedirnos permiso para utilizarlos, se nos retribuya de alguna manera por ello. Esto se hace de hecho de modo indirecto. Así es como funciona el mercado de Internet. Nos permiten utilizar una aplicación sin coste, al menos hasta un cierto nivel, y a cambio utilizan nuestros datos. Creo que no hace falta poner ejemplos. Algo clave es que lo gratuito es la aplicación básica, que es suficiente para la mayoría de los usuarios. Si necesitamos algo más, entonces se nos ofrecen distintos niveles de subscripción *prime*, *premium*, *profesional*… Son términos que suenan muy bien y de los que se puede alardear en algún momento: «Eso te lo puedo hacer yo que tengo la versión *prime*». Por ejemplo, una técnica de videojuegos *online* gratuitos es vender vidas, herramientas, armas para el videojuego con dinero real. Puedes jugar de modo gratuito, pero sin hacer un gasto real no llegarás muy lejos.

Lo que sigue en este subapartado y en los dos siguientes es una de las pocas partes de todo el libro que son un poco más técnicas. No entraremos en muchos detalles, pero sí con alguna terminología científica, que puede hacer más dura la lectura para algunas personas sin la formación adecuada. El lector puede saltárselo sin que peligre la lectura del resto del libro. Sin embargo, entender esto es de gran utilidad para centrarse en el tema.

Internet, que poco a poco se hace con todo, ha permitido que los *modelos matemáticos* y *algoritmos* puedan alimentarse con grandes, o no tan grandes, cantidades de datos para extraer información valiosa y muy rentable en casi todos los campos de la vida. Antes de continuar, me gustaría explicar qué entendemos por modelos matemáticos, algoritmos, etc., de un modo divulgativo.

Supongamos que queremos resolver un problema real, por ejemplo, queremos el perfilado de clientes para hacer un envío automático y eficaz de publicidad selectiva. Todo problema real mínimamente complejo se suele traducir a un lenguaje matemático, es decir, se busca un modelo matemático que una vez ajustado con los datos de que disponemos nos dirá, por ejemplo, que la publicidad de estas botas de monte hemos de enviárselas a personas entre 18 y 70 años que hayan comprado en nuestra plataforma algún artículo de montaña de gama alta en los últimos seis meses, con mayor incidencia en los que hayan comprado también bastones de monte. Es un ejemplo ficticio que no ha de tomarse a la letra, pero que a todos nos suena cercano. En definitiva, el modelo matemático es una fórmula en la que introduciendo los valores de las variables en juego: número de compras de artículos de montaña, fechas de las compras, gasto efectuado, reclamaciones, devoluciones, artículos visitados…, nos proporciona una respuesta, por ejemplo, hacer que a esta persona le salga o no información sobre el nuevo modelo de botas.

El modelo matemático a veces no es posible resolverlo de un modo exacto, matemático, y ha de recurrirse a un algoritmo que ayuda a encontrar una solución. Necesitamos otro ejemplo para explicar qué es y cómo funciona un algoritmo. Vamos a considerar ahora un problema clásico, al que todos nos hemos enfrentado: buscar una palabra en un diccionario, por ejemplo, la palabra *lagar*. Podríamos plantear un modelo sofisticado con información sobre el número de palabras en castellano que comiencen con cada letra del abecedario y suponiendo una extensión homogénea en las definiciones calcular la página en la que se encuentra la palabra «lagar». En todo caso, seguro que tendríamos que abrir el diccionario por más de una página. A continuación, se describe el algoritmo que solemos utilizar todos de un modo intuitivo. Con la información que nos da nuestra experiencia, y eso es ya alimentar el algoritmo con datos, podemos intuir que debe de estar al comienzo del último tercio de páginas. A mayor experiencia, es decir, con más datos iniciales, este primer paso será más eficaz y nos permitirá encontrar la palabra antes. Abrimos el diccionario aproximadamente por esa zona y observamos que nos hemos pasado y hemos ido a una página con la palabra «logro». Este es un dato, como resultado de esa primera acción o paso del algoritmo que utilizaremos para dar el siguiente paso, que es abrirlo unas páginas antes. Ese sería el segundo paso y quizá con otros dos, tres… pasos más conseguimos el resultado final. Este algoritmo utiliza la probabilidad, porque con la información disponible (nuestra experiencia) abrimos la página más probable, pero un poco al azar. Esto es muy frecuente en los algoritmos.

No es la única forma. Podríamos abrir el diccionario sistemáticamente desde la primera página hasta encontrarlo. Podríamos decir que este es un *algoritmo de fuerza bruta*, que así se llama a aquellos que prueban sistemáticamente todas las opciones. También podríamos hacer una *búsqueda puramente aleatoria* y comenzar a abrir páginas al azar, quizá dejando señal en las ya abiertas. O también hacer una combinación de los métodos anteriores.

No es un ejemplo demasiado bueno, pero al menos es algo con lo que todos nos hemos peleado. Otro ejemplo podría ser el de ordenar 100 fichas de personas por apellidos. Invito al lector a que piense qué algoritmo desarrollaría, que fuera lo más eficiente posible.

Hay algoritmos que aparentemente no utilizan un modelo matemático, pero en realidad siempre hay uno detrás. Podría ocurrir que el modelo fuera tan enorme que no sea posible explicar cómo ha resuelto el problema, aunque lo haya hecho bastante bien y rápido. Son los modelos llamados de *caja negra* y su *explicabilidad* está en la mesa de trabajo de muchos investigadores.

Un algoritmo tiene la particularidad de que es programable en un ordenador. Eso puede producir una *app* de las que utilizamos en el *smartphone* o en nuestro ordenador.

Resumiendo, se utilizarán datos existentes, por ejemplo, los míos, en los que tienen información sobre mi edad, sexo, educación, profesión… y sobre todo lo que he comprado o las páginas o artículos de venta que he consultado recientemente a través de alguna de sus plataformas. Con esos datos se ajusta el modelo a través de un algoritmo. Eso es lo que se llama alimentar el algoritmo con datos. Hasta aquí mis datos van junto con otros muchos y nadie necesita explorarlos en particular, podrían permanecer anónimos entre otros muchos. Para conseguir ajustar el modelo y aplicarlo después, no es necesario que alguna persona se entere de mi profesión o de una enfermedad que tengo. Una vez hecho esto, el modelo está preparado para ser utilizado con un nuevo cliente a partir de sus datos, por ejemplo, los míos de nuevo. Aquí, a pesar de que no es necesario que ningún ser humano vea mis datos, sí que hay una intromisión en mi vida al ofrecerme algo que el modelo detecta que me puede interesar. Lo más fantástico es que el algoritmo sigue alimentándose con esos nuevos datos, que incluyen mi reacción ante esa publicidad, consiguiendo mejorar el modelo. Eso es lo que ocurre cuando decimos que el modelo sigue *aprendiendo*. Esta es la palabra mágica (*learning* en inglés), que da nombre a muchos campos de la IA y que solo emula parte de lo que conocemos como aprendizaje humano.

Típicamente, el objetivo principal de estos modelos y algoritmos es *predecir* y *clasificar*. Predecir cómo va a evolucionar la venta de un determinado producto en determinadas condiciones. Clasificar puede consistir en hacer un perfilado de clientes según sus preferencias de los productos que ofrece la empresa. El objetivo que se persigue es lanzar la campaña adecuada a cada uno según su perfil.

Un algoritmo de juguete

Para entender cómo funciona un algoritmo utilizado típicamente por la IA, vamos a considerar un ejemplo muy simple, que puede ayudar a entender cómo son por dentro. Muchos algoritmos tienen una base muy sencilla, que cuando se escribe en lenguaje matemático o cuando se construye el programa informático para implementarlo, se hace mucho más difícil de comprender. De hecho, las matemáticas buscan mejorar el lenguaje para resolver problemas cada vez más complejos. El precio a pagar es que el lenguaje se hace más difícil de comprender.

Consideraremos el ejemplo de la encuesta de satisfacción que los hoteles suelen pasar a sus clientes una vez que han hecho uso del alojamiento. Supongamos que tenemos puntuaciones de satisfacción de algunos clientes de un hotel. El ejemplo va a ser de juguete para hacerlo más comprensible. Normalmente el cuestionario tiene varias preguntas, por ejemplo, sobre la limpieza, el desayuno, el cuarto de baño, el gimnasio, etc. Para simplificar supondremos que solamente tenemos las puntuaciones de 15 clientes de la pregunta sobre satisfacción

21

general. Los datos correspondientes a los 15 clientes y ordenados de menos a mayor son los siguientes:

Puntuaciones														
2	3	3	3	4	4	4	5	6	7	9	9	9	10	10

El hotel tiene interés en clasificar a los clientes en dos grupos para implementar acciones de mejora o afianzamiento de los mismos, que serán distintas en cada uno de los grupos. A primera vista se observan claramente unas puntuaciones muy bajas y otras muy altas, con algunas intermedias. Con tan pocos datos podría hacerse «a ojo», por ejemplo, fijando el tradicional 5 como punto de corte. En todo caso podrían aplicarse distintos criterios para discernir a qué grupo van el 5, el 6 o incluso el 7. Por ejemplo, de 7 a 9 hay un salto más grande, que podría identificarse como un indicio de que no es una puntuación alta. Si en lugar de tener 15 datos tuviéramos varios miles, necesitaríamos un procedimiento automatizado que haga la clasificación teniendo todas estas cosas en cuenta. Vamos a utilizar un procedimiento que se llama *k-means* (k-medias), que busca hacer dos grupos de tal modo que, si se calculan las medias de cada grupo, todas las puntuaciones de un grupo están más cerca de la media de su grupo que de la del otro. Estos serían los pasos del algoritmo:

1. Se comienza haciendo dos grupos a partir de un punto de corte más o menos arbitrario, por ejemplo, el tradicional 5, como ya se ha comentado, y luego se hace la media de cada grupo (del 1 y del 2):

Puntuaciones															Grupo 1	Grupo 2
2	3	3	3	4	4	4	5	6	7	9	9	9	10	10		
Clasificación 1																
1	1	1	1	1	1	1	2	2	2	2	2	2	2	2	3,29	8,13

2. Se reclasifica situando las puntuaciones más cercanas a 3,29 en el grupo 1 y las más cercanas a 8,13 en el grupo 2 y se recalculan las medias (obsérvese que ahora la puntuación 5 ha pasado al primer grupo):

Puntuaciones															Grupo 1	Grupo 2
2	3	3	3	4	4	4	5	6	7	9	9	9	10	10		
Clasificación 1																
1	1	1	1	1	1	1	2	2	2	2	2	2	2	2	3,29	8,13
Clasificación 2																
1	1	1	1	1	1	1	1	2	2	2	2	2	2	2	3,50	8,57

3. Se repite el mismo proceso y estos son los resultados (obsérvese que ahora la puntuación 6 también ha pasado al primer grupo):

Puntuaciones															Grupo 1	Grupo 2
2	3	3	3	4	4	4	5	6	7	9	9	9	10	10		
Clasificación 1																
1	1	1	1	1	1	1	2	2	2	2	2	2	2	2	3,29	8,13
Clasificación 2																
1	1	1	1	1	1	1	1	2	2	2	2	2	2	2	3,50	8,57
Clasificación 3																
1	1	1	1	1	1	1	1	1	2	2	2	2	2	2	3,78	9,00

4. Se repite de nuevo:

Puntuaciones															Grupo 1	Grupo 2
2	3	3	3	4	4	4	5	6	7	9	9	9	10	10		
Clasificación 1																
1	1	1	1	1	1	1	2	2	2	2	2	2	2	2	3,29	8,13
Clasificación 2																
1	1	1	1	1	1	1	1	2	2	2	2	2	2	2	3,50	8,57
Clasificación 3																
1	1	1	1	1	1	1	1	1	2	2	2	2	2	2	3,78	9,00
Clasificación 4																
1	1	1	1	1	1	1	1	1	2	2	2	2	2	2	3,78	9,00

5. Se para el algoritmo, puesto que ya no hay cambios en las medias. Por tanto, un grupo corresponde a las puntuaciones iguales o inferiores a 6 y el resto lo formarían las puntuaciones más altas.

La dirección del hotel ahora lanzaría una campaña para los que tienen puntuación baja (grupo 1) y otra distinta de fidelización para los que tienen una puntuación alta (grupo 2). Hemos utilizado un algoritmo para hacerlo, pero un lector mínimamente escéptico puede darse cuenta de que hay otros posibles procedimientos, que podrían llevarnos a otros resultados. Aprovechamos la ocasión para subrayar la fragilidad que de hecho subyace en muchos de estos modelos y algoritmos. Esto nos lleva, por ejemplo, a lanzar una campaña de atracción a clientes con puntuación 6, cuando quizá sería más oportuna la de fidelización. En todo caso, esto no es algo exacto y el error es asumible.

Este ejemplo es poco vistoso, incluso poco realista. Ha servido para que se entienda el procedimiento con todos los datos a la vista. Lo habitual es utilizar otras variables para hacer este tipo de perfilados. Solamente añadiendo la variable edad podrían comenzar a salir resultados interesantes. Si tuviéramos más clientes, podríamos llegar a distinguir, por ejemplo, tres grupos, como en el gráfico siguiente:

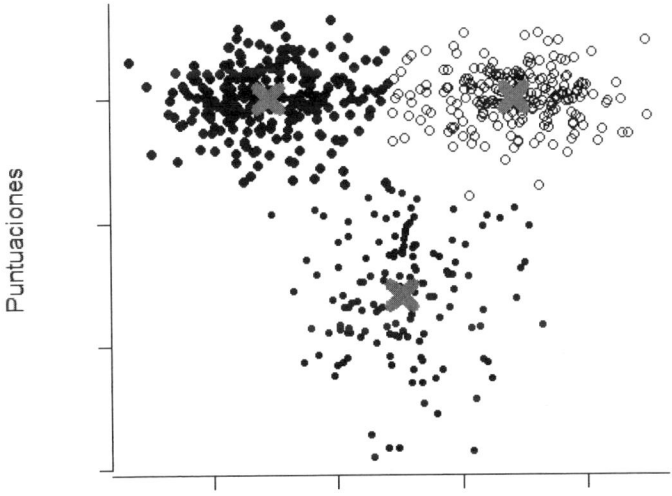

En el eje horizontal se refleja la edad y en el vertical, la puntuación. Podemos ver aquí que los más jóvenes y los más mayores tienen una mayor satisfacción, mientas las edades intermedias parecen mucho más críticas.

Las equis en color gris muestran el representante de cada grupo, que está en el centro de la nube de puntos, es como su centro de gravedad. Cada punto está en el grupo cuyo representante tiene más cerca. Es una información que ya comienza a ser útil para el hotel, que podría diseñar políticas adecuadas para cada uno de los tres grupos. Podemos imaginar la mayor ayuda que se podría obtener con datos de más variables y de más clientes.

Algoritmos inspirados en la naturaleza

Como ya se ha comentado, los algoritmos sirven para resolver problemas complejos de optimización y para ello hay dos acciones típicas que se repiten en todos ellos, la *búsqueda* y el *aprendizaje*. Se comienza a buscar entre las posibles decisiones, se evalúan los resultados de las mismas y se almacenan en la memoria los resultados para ser utilizados en pasos sucesivos.

Existen dos tipos fundamentales de algoritmos, los llamados *exactos* y los *metaheurísticos*. Los primeros tienen propiedades matemáticas que permiten demostrar que tienden a la solución esperada y, por tanto, que no nos van a llevar a algo que no es correcto. Además, se puede saber habitualmente el tiempo que les va a costar llegar a una buena solución. Podemos recordar aquí el tiempo que transcurre desde la formulación de una pregunta a una IA hasta que proporciona la respuesta. Como es lógico, cuanto más complicada sea esta, más tiempo tardará. Es el tiempo que dedica el algoritmo a buscar y aprender. Con los algoritmos exactos vamos a poder medir incluso lo buena que es la solución, todo ello mediante un razonamiento matemático riguroso. Son algoritmos «impecables», pero en ocasiones son muy lentos con un coste computacional elevado. Otro tipo de algoritmos son los meta-heurísticos, mucho más intuitivos y versátiles, más fáciles de programar y con un coste computacional menor, al ser más rápidos. El problema esencial es la falta de transparencia y de seguridad respecto a la solución que proporciona. Una vez más, la relación coste-calidad lleva a elegir unos u otros. Para alimentar el algoritmo no se usan todos los datos, sino un tanto por ciento alto de ellos. El resto se reservan para probar que el algoritmo funciona bien con datos distintos a los utilizados para alimentarlo.

Los *algoritmos inspirados en la naturaleza* son algoritmos meta-heurísticos y funcionan increíblemente bien, a pesar de que con frecuencia no se sepa muy bien por qué. Los algoritmos meta-heurísticos pueden ser individuales o de población. En el primer caso se comienza con una solución inicial, que se va mejorando en cada paso del algoritmo. En el segundo tipo se podría decir que se hace un trabajo de equipo. En lugar de trabajar con una solución que se va mejorando, se considera un conjunto (población) de soluciones y es toda la población la que va evolucionando a mejores soluciones. Solo al final se elegirá la mejor de las soluciones de la población ganadora. Comentaremos intuitivamente el funcionamiento de algunos de ellos.

En los años cuarenta, con los notables avances en la investigación sobre el sistema nervioso humano y de la transmisión de información a través de las neuronas, se desarrollan unos algoritmos basados en las redes neuronales naturales, que se llamarán Redes Neuronales Artificiales (ANN). Estos algoritmos consideran una estructura formada por neuronas que se distribuyen en capas. Cada neurona de una capa está conectada con cada neurona de la siguiente capa. Por la izquierda entran los datos a la primera capa *(input)* y por la derecha salen los resultados a la última capa *(output)*. Cada nodo tiene un peso, es decir, un valor numérico, que muestra su importancia en el proceso. La red se va alimentando con datos y poco a poco se va mejorando la solución, que típicamente es una clasificación. Nodos y conexiones están gobernados por fórmulas matemáticas relativamente sencillas. El problema, y el secreto de este algoritmo es que hay muchos nodos y muchísimas conexiones posibles. Poco a poco, unos van tomando más peso que otras en base a los datos y resultados. Un ejemplo clásico es utilizar una red neuronal para que en el futuro distinga entre un perro y un gato. Para ello se utilizan muchas imágenes de gatos y perros y se pone el algoritmo a funcionar y a mejorarse paso a paso. Al principio se equivocará mucho, pero poco a poco irá ganando en precisión. En este gráfico se muestra una red muy sencilla con dos capas ocultas:

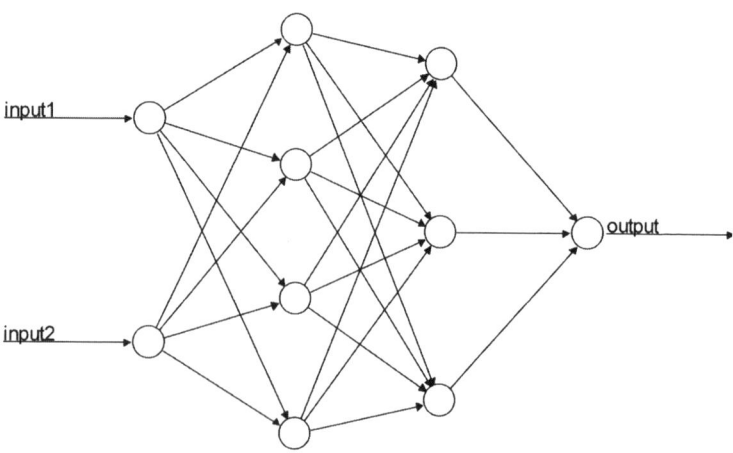

Destacan también los *algoritmos evolutivos*. Están inspirados en la evolución biológica y la selección natural. Dentro de este tipo, los más conocidos son los *algoritmos genéticos*, que simulan la evolución de una población mediante procesos de selección, cruce y mutación. Los cromosomas son posibles soluciones, que típicamente son una lista de números. Cuando dos cromosomas, es decir, dos listas de números, se aparean, se forma otra lista que es mezcla de ambas. Este es un ejemplo muy sencillo:

Cromosoma A	2	3	7	1	2	3	8	7
Cromosoma B	7	2	3	1	8	2	9	3
Descendiente	2	3	7	1	8	2	9	3

Después, algunos cromosomas descendientes sufren alguna mutación. Si uno de los elegidos es el anterior, podría sufrir una mutación del tipo:

Mutación	2	3	7	1	3	2	9	3

Finalmente, hay un proceso en el que sobreviven solo los mejores descendientes, que suele llamarse elitismo. Esto es solo un ejemplo demasiado simple. En la práctica, el proceso es un poco más complejo, pero esta es la idea principal, y funciona.

Los algoritmos tipo *enjambre (Swarm Intelligence)*, imitando, por ejemplo, la emigración de las aves en una formación muy característica, son también muy eficientes. Imitan el comportamiento colectivo de organismos como hormigas, aves o abejas. Entre ellos destaca el algoritmo de *optimización por enjambre de partículas* (PSO), que simula el vuelo de aves buscando comida. Cada pájaro (partícula) ajusta su posición según su mejor experiencia y la mejor experiencia de todo el grupo. Esto hace que todos se muevan juntos, pero utilizando también la experiencia particular de cada uno. De nuevo la partícula es una posible solución, es decir, una lista de números.

El algoritmo de *colonia de hormigas* utiliza el símil del rastro de feromonas de hormigas para encontrar rutas óptimas del mismo modo que las hormigas optimizan el camino del hormiguero a la fuente de comida. Las feromonas son unas sustancias químicas que producen algunos animales para comunicarse entre sí. Cuando una hormiga encuentra comida, regresa dejando un rastro de feromonas. De ese modo, las feromonas de unas y otras se van acumulando en el mejor camino. La mejor solución (el mejor camino) es el que tiene más acumulación de feromonas y a la vez es corto. Las feromonas viejas se evaporan para evitar que dominen siempre las feromonas viejas. Se suelen utilizar para optimizar rutas, por ejemplo, las de los camiones de basura en una ciudad.

El algoritmo de las *abejas (Bee Algorithm)* se basa en la forma de recolección de néctar por las abejas. Se distinguen tres tipos de abejas:

- Las exploradoras rastrean nuevas zonas. Esto produce diversidad.

- Las obreras reclutadas explotan las zonas de calidad ya conocidas.

- Las observadoras visitan las distintas zonas valorando la calidad de cada una. Cuanto más visitada es una zona, mayor calidad tiene.

Algunos se basan también en comportamientos físicos o químicos. Uno de los más utilizados es el *enfriamiento simulado (Simulated Annealing)*. Este algoritmo simula el proceso de calentamiento de un material y su enfriamiento más o menos lento para garantizar las mejores propiedades del producto final. En este caso no es de población, como los anteriores, sino que es individual. Se parte de una solución inicial y se va mejorando. La idea es que en cada paso se modifica ligeramente la solución, es decir, se elige una solución vecina. Si es mejor que la anterior, abandonamos la anterior y nos quedamos con la nueva. Si no es así, elegiremos la nueva o no al azar. En este caso, esta elección se hace en base a la disminución de la temperatura, de modo que cada vez es más difícil que se seleccione una solución que no mejora la anterior.

Quedarse con una solución que no mejora parece contradictorio. En el caso de las abejas, perder recursos en buscar otras soluciones cuando ya tenemos localizadas unas buenas podría parecer contraproducente. En el caso del algoritmo genético, mezclar cromosomas al azar o hacer mutaciones también parece poco eficaz. Todo esto se hace precisamente para favorecer la diversidad, que es algo muy bueno para encontrar la mejor solución y no quedarse solo con una solución más o menos buena. Imaginemos que buscamos el mejor delantero centro para nuestro equipo de fútbol, pero no tenemos ninguna información para comenzar la búsqueda y tampoco tenemos capacidad para hacer una búsqueda exhaustiva recorriendo todo el país. Nos ponemos en marcha eligiendo una dirección aleatoria y llegamos a un pueblo, quizá un poco aislado. Una búsqueda que no fomente la diversidad podría llevarnos al mejor delantero centro de esa localidad y parar ahí la búsqueda. Los procedimientos aleatorios que hemos mencionado en estos algoritmos nos permiten dar un salto y buscar en otra localidad, por si hay alguien mejor allí.

Acabamos este apartado señalando que, del mismo modo que procesos de la naturaleza nos ayudan a crear algoritmos muy eficientes, también existen estudiosos que utilizan estos algoritmos para conocer mejor algunos procesos naturales.

2.
PASADO

La ciencia ficción de los siglos XIX y XX

Es un clásico reconocer el carácter predictivo de las novelas de Julio Verne. De hecho, es el primer nombre que nos viene a la cabeza cuando pensamos en ciencia ficción cumplida al cabo de los años. En *De la Tierra a la Luna* (1865) lanza un proyectil tripulado desde Florida (similar al lanzamiento del Apollo 11 desde Cabo Cañaveral) y calcula con bastante precisión el peso, la velocidad y la trayectoria necesarios para alcanzar la órbita lunar. En *Veinte mil leguas de viaje submarino* (1870) anticipó el desarrollo del submarino. Menos conocida es la obra *París en el siglo XX* (escrita en 1863 y publicada en 1994) en la que imagina la transmisión de imágenes y sonido a distancia, algo muy similar a nuestras videoconferencias. También en esa obra describe el ascensor en edificios de grandes alturas. En *La esfinge de los hielos* (1897) describe expediciones a las regiones polares que luego se llevaron a cabo, incluyendo técnicas de navegación y supervivencia.

Pero no se pueden olvidar también sus predicciones fallidas como la posibilidad de crear aire respirable para submarinos y ciudades subterráneas de forma ingenua, sin considerar los complejos sistemas de filtrado y producción actuales. Al mismo tiempo, subestimó los desarrollos en medicina y biotecnología actuales. Y es que hasta una persona sabia como él tiene una capacidad bastante limitada para predecir.

Muchos autores en tiempos mucho más recientes ha tratado de predecir con su ciencia ficción el desarrollo tecnológico. La mayoría han quedado muy lejos de la realidad actual. La ciencia ficción del siglo XX no supo ver el desarrollo de Internet y de las comunicaciones y se quedó en viajes galácticos y colonizaciones espaciales, muy lejos de lo que realmente ha ocurrido. El salto en el mundo de las comunicaciones, unido ahora a la explotación de los datos, ha superado la ficción. Hay algunos autores que llegaron a atisbar un poco de la realidad actual. No me resisto a poner algunos ejemplos, que me parecen asombrosos.

En el *Juego de Ender* (Card, 1985) aparece la idea de la nube y de las redes sociales cuando Internet no existía en absoluto, al menos tal como lo conocemos hoy. Huxley (1932) en *Un mundo feliz* muestra una sociedad esclava de su propia tecnología reproductiva. Adams (1979) en una parodia a la ciencia ficción tiene atisbos de lo que ya está ocurriendo. Orwell (1949) en su novela *1984* es capaz de intuir con «el gran hermano» lo que ya es una realidad en un mundo monitorizado en el que estamos siendo vistos y escuchados, incluso corregidos, casi de continuo. Más adelante comentare-

34

mos algunos detalles concretos de estas novelas. Estos son unos pocos ejemplos en los que los autores intuyeron la llegada de un *boom* sin precedentes en las comunicaciones.

Por otro lado, un clásico como es hoy día *La Guerra de las Galaxias* (estreno en 1977), que marca un antes y un después en el cine de ciencia ficción, es un ejemplo de esta incapacidad de prever nada parecido a lo que hoy vivimos. Es claro que tampoco lo pretende. Vemos naves espaciales capaces de viajar a la velocidad de la luz y pasar de una galaxia a otra en cuestión de segundos y al mismo tiempo unas comunicaciones muy vistosas con hologramas, pero tremendamente deficientes e inestables. En un universo con gran movilidad, no funcionan las comunicaciones, que es precisamente lo contrario de lo que ocurre hoy día. *2001: Odisea en el espacio* ha dejado los comienzos del milenio ya un poco lejos sin que la máquina nos haya llegado a dominar y andemos por el espacio con tanta alegría. A esto sumaríamos muchas novelas de ciencia ficción con bases espaciales en el universo y muchas criaturas más o menos inteligentes, pero ni un atisbo de Internet.

Autómatas e invasión de las máquinas

El término IA ha llevado a una gran especulación. En realidad, el temor al dominio de la máquina sobre el hombre es muy antiguo, quizá desde que aparecen los primeros autómatas hace miles de años, pasando por las distintas revoluciones industriales. Es natural que exista un cierto temor acerca de lo que puede traernos este incremento exponencial de la potencialidad de la IA. En mi opinión, el temor debería estar más bien en otros aspectos de la IA, que iremos comentando a lo largo del libro. La historia de autómatas reales se remonta no a siglos, sino a milenios atrás. El miedo por el dominio sobre el hombre de una generación de autómatas no es nuevo en absoluto, no surgió de repente con películas como *Terminator* o *Blade Runner*. En esta sección pretendemos poner los pies en el suelo en los momentos que vivimos actualmente, que son bien intensos y con muchas cuestiones relevantes sin necesidad de construir entelequias que no existen y que probablemente no llegarán a existir.

La rebelión de las máquinas es un escenario apocalíptico clásico en la ciencia ficción en la que máquinas dotadas de una cierta inteligencia artificial se rebelan contra sus creadores y, al final, contra todo el género humano. Isaac Asimov lo bautizó como el *complejo de Frankenstein*. En esto es clave el aspecto humano de esas máquinas.

Cualquier instrumento que construye el hombre, en sus comienzos, es considerado como un competidor directo en el trabajo. Esto ocurre no sin razón. Las revoluciones industriales, ahora se habla de la 4.0, desplazan trabajadores humanos de los nichos de empleo en favor de máquinas y procesos automatizados, reduciendo los gastos para el empresario.

La aparición de los primeros autómatas se remonta a la prehistoria, cuando las estatuas de algunos dioses o reyes despedían fuego por los ojos, como era el caso de una estatua de Osiris. Otras tenían brazos mecánicos operados por los sacerdotes del templo, y otras, como la de Memon de Etiopía, emitían sonidos cuando los rayos del sol las iluminaba, y así infundían temor y respeto a quien las contemplara. Desde entonces no han dejado de proliferar, siempre con esa atromorfización que tanto temor infunde. Mucho más tarde, el *Libro de Mecanismos Ingeniosos* escrito por los hermanos Banu Musa (805) describe un centenar de mecanismos y autómatas verdaderamente sorprendentes.

A san Alberto Magno (1206) se le atribuye la creación de seres artificiales, las cabezas parlantes o un autómata de hierro que le servía como mayordomo en el que trabajó treinta años, capaz de andar, abrir la puerta y saludar a los visitantes.

Hay muchos ejemplos similares. Basta pensar en el gran inventor Leonardo da Vinci (1452-1519), que diseñó un soldado con una armadura medieval. No llegó a construirlo, como ocurre hoy día con muchos investigadores de ciencia básica, que establecen teorías muy útiles sin aplicarlas directamente en la práctica. Se ha reconstruido después y se observa cómo mueve los brazos, gira la cabeza y se sienta. Es muy sorprendente el autómata dibujante del siglo XVIII de Jaquet-Droz. Estaba compuesto por unas 2000 piezas, tenía forma de niño sentado en un pupitre y podía realizar hasta cuatro dibujos distintos. Imitaba el comportamiento mientras realizaba la tarea, moviendo los ojos, las manos o incluso soplando en el papel para eliminar los restos del polvo del lápiz. Estoy seguro de que esta obra podía infundir un cierto temor en muchos de los que la admiraban. Quizá muchos pensarían que de ahí a que un autómata se levante y comience a actuar por sí mismo y dominar la especie humana no había más que un paso. En el fondo es un problema de ignorancia, incluso entre los más conocedores de la tecnología, que con frecuencia estamos poco versados en antropología.

No cabe duda de que antropomorfizar tiene éxito y, por eso mismo, hay que tener mucho cuidado cómo se hace para no influir negativamente en niños, jóvenes, personas mayores y, en general, en todos.

¿Hablamos de IA, de *big data* o de Internet?

En los años en que fueron escritas estas novelas y producidas estas películas que hemos comentado, *Internet*, tal y como lo conocemos, no existía. Tampoco existía la tecnología para permitir grabaciones como las de Orwell. Repasemos brevemente la historia reciente de todos estos términos, que están tan vinculados entre sí.

En 1969, Estados Unidos crea la red ARPANET, exclusivamente militar, con un objetivo defensivo ante un posible ataque ruso. Se unieron 4 ordenadores en 4 universidades distintas. Dos años después había unos 40 ordenadores conectados. Más adelante se creó el Protocolo TCP/IP, que se convirtió en el estándar de comunicaciones dentro de las redes informáticas. Fue creciendo y poco a poco las funciones militares se desligaron de ARPANET. En 1985, Internet ya era una tecnología establecida, aunque conocida por unos pocos y llamada ahora NSFNET. De momento, no era nada parecido a lo que hoy día conocemos como Internet. En el año 1990 contaba con alrededor de 100 000 servidores conectados, pero todavía no era muy popular y su uso, muy limitado, se restringía a una pequeña parte del mundo académico. En el Centro Europeo de Investigaciones Nucleares (CERN) se desarrolla la idea de los *hipervínculos* (Xanadú) y se decide llamar al sistema World Wide Web (www). La traducción literal al castellano sería algo así como «telaraña extendida en todo el mundo». Es una denominación muy adecuada. No es una simple red internacional en que puede haber unos pocos representantes de la mayoría de los países. No, es una red «pegajosa» que se extiende a todos y a todo. Este fue un momento clave a partir del cual el crecimiento ha sido exponencial cuantitativa y cualitativamente. A finales de los noventa, todavía eran unos privilegiados los que se movían en la red.

En la segunda década del siglo XXI, las palabras *big data* se hacen virales. Esto hace referencia a la gran capacidad de registrar datos que ofrecen las actuales tecnologías. En particular cabría mencionar:

I) El desarrollo de *Internet* ofrece un campo sin fronteras donde circulan datos en formato digital. Solo es necesario un procedimiento para capturar los que nos interesan, limpiarlos y prepararlos para su análisis y extraer una información muy valiosa.

II) El *Internet de las cosas (IoT)* permite registrar automáticamente datos provenientes, por ejemplo, de nuestros electrodomésticos, de nuestro vehículo y, por supuesto, de nuestro móvil o de la tarjeta de crédito. Se ha pasado de una recogida de datos manual, que luego se trasladaba a una base de datos en el ordenador, a una automatización de la recogida, que multiplica las posibilidades.

III) Quizá lo más impresionante es el hecho de que cada ser humano tenga un *smartphone* totalmente personal. Compartimos muchas cosas: coche, reloj, despacho… Sin embargo, el número de teléfono, la tarjeta sim, es un identificador personal. Pero de eso hablaremos largamente en otro apartado.

Las tres fuentes que acabamos de mencionar tienen en común la *conectividad*, es decir, Internet. La repetida frase «en los dos últimos años se han recogido más datos que en toda la historia de la humanidad» se viene repitiendo desde hace años y tiene validez cada año que pasa. Está basada en la ley de Moore, según la cual, aproximadamente cada 2 años se duplica el número de transistores en un microprocesador. Eso significa un *crecimiento exponencial* en el número de datos disponibles. Se genera así un problema de almacenamiento de datos, que en un momento dado han de destruirse, como ocurre con los vídeos grabados en una cámara de vigilancia. Antes de hacerlo sería interesante dejar registro de aquello más relevante. Para eso es necesario un análisis, que resulta muy costoso computacionalmente y que podría estar automatizado. Este es uno de los retos del así llamado *big data*, que de hecho es más bien un problema de *Big Computing*.

En realidad, este fenómeno no es nuevo. Siempre ha sido un reto recoger más y más datos y luego analizarlos. Hace doscientos años, quizá quinientos datos ya eran una barbaridad para hacer cálculos. Con la aparición y mejora continua de los ordenadores, estas cantidades de datos pasan a ser de otro orden. ¿Qué lo hace novedoso ahora y por qué se ha puesto tan de moda? Todos vemos cómo las grandes compañías tecnológicas están copando el mercado y la riqueza mundiales. Esto es un hecho y sabemos que lo hacen gracias a la gestión del dato. Así se ha estimulado el interés por unas técnicas que eran marginales, incluso en el mundo científico.

El término *Inteligencia Artificial* tiene su origen en un congreso en 1956 en el que John McCarthy, matemático e informático, lo menciona por primera vez para referirse a procesos algorítmicos que pueden seguir alimentándose con datos al mismo tiempo que están en funcionamiento, tal y como hace la mente humana. Esto incluye también la elaboración de un lenguaje de programación orientada a objetos, es decir, su modelo de programación se centra en la creación y manipulación de objetos, que son estructuras que combinan variables y funciones. Estas son sus características esenciales:

- *Encapsulamiento*: ocultar la implementación interna de un objeto y exponer solo lo necesario a través de una interfaz (enlace entre el programa y el usuario).

- *Herencia*: permitir reutilizar y extender el código (programa).

- *Polimorfismo*: usar la misma interfaz para objetos de diferentes tipos.

- ***Abstracción***: representar conceptos complejos con modelos simplificados.

En particular, John McCarthy desarrolla poco después en el MIT (Massachusetts Institute of Technology) el lenguaje de programación ordenado a objetos. Es el *Lisp*, que viene de LISt Processing, porque las listas son la estructura de datos fundamental. Fue el segundo lenguaje de programación de alto nivel más antiguo que sigue en uso, después de Fortran. Un lenguaje es de alto nivel cuando tiene muchas funciones ya programadas, de modo que no es necesario volver a hacerlo cada vez que se usa. Influyó en muchos otros lenguajes, como JavaScript y Python. Ha sido la base de gran parte de la IA simbólica y de entornos de desarrollo interactivos.

Posteriormente, John McCarthy se arrepintió de haberle dado el nombre de IA al comprobar que estaba generando una cierta confusión en determinados ambientes científicos y, sobre todo, no científicos. Daremos un ejemplo cercano para darnos cuenta de que la IA no es algo de los últimos años. En 1984, una ley de la universidad pública española dividió a todos los profesores en áreas de conocimiento. Una de ellas lleva desde entonces el nombre de Ingeniería del Software e Inteligencia Artificial y engloba la docencia e investigación en métodos, técnicas y herramientas para el diseño, desarrollo y mantenimiento del *software*, así como en fundamentos, modelos y aplicaciones de la Inteligencia Artificial. Pienso que en estos momentos el concepto de IA ha cambiado notablemente y ha pasado a ser propiedad de un ámbito pluri e interdisciplinar, lo que lo hace mucho más atractivo y rentable.

Cuando uno oye esta palabra, enseguida piensa en un mundo en el que conviven seres humanos y robots indistinguibles de los humanos. Pero la IA no es una cuestión de robots, hablar de inteligencia artificial es tratar de imitar la inteligencia humana, pero no necesariamente sus sentimientos o su sensibilidad corporal y menos aún su libertad o autoconsciencia. Es más bien tratar de sacarle provecho a algunos procedimientos del razonamiento de los seres humanos. No hay que perder de vista que la inteligencia es algo inmaterial, espiritual de hecho, no es una cuestión de artefactos. Es importante no perder el foco para afrontar los retos de esta ciencia o disciplina y sus implicaciones éticas de modo adecuado. Esto no es nuevo, ni siquiera lo era en 1956. Por ejemplo, como ya se ha comentado, en los años cuarenta, los avances en el conocimiento del funcionamiento del cerebro humano se desarrollan las *Redes Neuronales Artificiales*. Se desarrollan también *algoritmos inspirados en la naturaleza*. La *teoría de la decisión* es también una disciplina que se desarrolla en esos tiempos.

Vayamos más atrás todavía

En realidad, todo comienza con la *máquina de Turing* (1912-1954). Este singular científico, de formación matemática, demostró que dicha «máquina» era capaz de resolver cualquier problema matemático que pudiera representarse mediante un algoritmo. Si alguien se pregunta si existen problemas matemáticos que no pueden resolverse mediante un algoritmo, la respuesta es que sí, son los llamados *problemas indecidibles*. Aunque hay que rebuscar un poco para encontrar ejemplos, lo cierto es que existen y que de alguna manera prueban que hay problemas que un ser humano puede resolver y un ordenador no. Pero desde un punto de vista práctico, esto no parece tener demasiada importancia cuando uno de los principios básicos que circulan hoy en este campo es que «vale más una mala solución a tiempo que una solución perfecta demasiado tarde». Por tanto, obtener la solución exacta no parece tan importante. Basta una solución que funcione medianamente bien. Esto nos lleva a una cuestión fundamental para la ciencia. ¿Ya no es importante conocer las cosas por sus últimas causas?

Siendo muy simplistas, tratando de hacer comprensible lo que ha ocurrido, y según mi opinión, estos podrían ser hitos que han marcado el proceso por el que hemos llegado hasta aquí.

1. El ábaco se considera como la primera máquina que ayudó al hombre a hacer operaciones matemáticas simples (sumas, restas, multiplicaciones y divisiones), que al final es de lo que trata todo esto. Tiene su origen en Mesopotamia, hace más de 4000 años y su uso se extendió rápidamente por todo el mundo.

2. Damos un salto hasta nuestros días para hablar de la aparición de la *calculadora eléctrica*. En todo ese tiempo aparecieron otras máquinas de cálculo mecánicas, más o menos sofisticadas, pero no es este el momento de detenerse en

ellas, aunque es muy interesante. Las primeras calculadoras (años 40 del siglo pasado), no programables, permitieron hacer cálculos en muy poco tiempo y con muy poco esfuerzo.

3. El llamado *ordenador* o computadora, que incluye la calculadora programable, añade la programación. Ya no solo hace cálculos elementales cuando se los pedimos, sino que podemos programar una serie de actuaciones en las que incluso ha de tomar decisiones, que nosotros mismos le enseñamos a tomar. Hay dos paradigmas elementales en la programación. Uno de ellos es la repetición de acciones, que se sintetiza en el $n = n + 1$, que matemáticamente no tiene sentido, y que solo indica que una vez realizada la acción n-ésima pasamos a la acción siguiente $n + 1$, hasta encontrar una solución suficientemente buena. El otro paradigma es el que tiene que ver con la toma de decisiones, pero de un modo puramente funcional. Es el condicional, que en un momento del algoritmo realizará una acción u otra dependiendo de que se cumpla una determinada condición. También podrían ser más de dos decisiones, aunque eso siempre se reduce a tomar decisiones concatenadas entre dos opciones cada vez. Por ejemplo, si hay tres decisiones posibles, A, B y C, podemos decidir en un primer paso entre elegir A o no elegir A. En el primer caso hemos terminado el proceso de elección. En el segundo caso plantearíamos una nueva elección

entre elegir B o elegir C. Esto no es una complicación innecesaria, porque en el interior del ordenador siempre acabamos con ceros y unos. Aunque Charles Babbage (1837) diseñó la máquina analítica, considerada el primer concepto de ordenador programable, nunca se completó. Hubo algunos otros intentos, pero quien verdaderamente desarrolla el concepto de algoritmo, que permite su implementación informática, fue Turing (1912-1954), como ya se ha comentado.

4. El ordenador nace con unos *periféricos* que se van ampliando y que imitan los modos de comunicación de un ser humano. El más básico es la pantalla y el teclado que permiten la comunicación de una persona con el ordenador. La impresora imita la escritura humana. Le faltaba vernos y oírnos y surgen entonces cámaras y micrófonos. También quieren imitar nuestro modo de hablar y vienen los altavoces. Es esta una evolución que seguirá, quizá con impresoras y detectores de olores o sabores. Que a una imagen de un jardín le acompañen olores y sonidos de pájaros entra en la llamada realidad virtual. Una mención especial se merece el *ratón*. Es verdaderamente una genialidad. Confieso que la primera vez que lo vi me pareció algo ridículo, con un nombre un tanto grotesco. Pero ha resultado ser una genialidad que exige poca adaptación por nuestra parte.

5. A estas mejoras en la comunicación entre seres humanos y ordenadores hay que añadir ahora la comunicación entre los propios ordenadores, que poco a poco va configurando *Internet*, como ya se ha comentado con más detalle anteriormente. Gracias a un buen amigo informático, compañero de la licenciatura de matemáticas, que siempre ha sabido ver el futuro en este terreno, he tenido la suerte de estar a la última en este campo. A principios de los 90, en la universidad de Salamanca en la que me encontraba, solo unos pocos teníamos cuenta de correo electrónico. Para utilizarlo teníamos que acercarnos físicamente al centro de cálculo y rellenar un formulario, que ahora se reduce a la dirección de correo electrónico, y lanzar el mensaje esperando que el más mínimo error en alguno de los campos que habíamos rellenado no frustrara la operación. A veces ni siquiera había una constatación clara de que había fracasado el envío. Del mismo modo teníamos que acudir allí para leer los correos recibidos, que suponían una emoción indescriptible. Solo recibir la respuesta era garantía de que el proceso había funcionado.

6. En esos comienzos, Internet se reducía prácticamente a ese intercambio de mensajes, que por otro lado, era un gran avance. Aunque en esos primeros momentos no era posible transferir ficheros, en el cuerpo del mensaje se podía incluir un código, que el destinatario podía

compilar en su ordenador y obtener así, por ejemplo, un fichero pdf o una aplicación. La *transferencia de ficheros* con el protocolo TCP/IP marca un nuevo hito.

7. Y aparece así *World Wide Web* con su sistema de hipervínculos y poco después con los *motores de búsqueda*. En esos primeros años de los 90, recuerdo un día en el que expliqué a unos amigos esto y no me hicieron mucho caso. No despertó el más mínimo interés en ellos.

8. La aparición del *smartphone* es quizá uno de los hitos más trascendentales de la humanidad. Pienso que no exagero. Más adelante hablaremos un poco más por extenso de uno de los elementos que se han convertido en algo esencial e imprescindible en nuestras vidas. Aunque ya existía la *pantalla táctil* antes de su aparición, su auge va muy de la mano de estas.

9. Otro hito son las *redes sociales*, aunque tengan un formato tan sencillo como un chat. De hacer el ordenador lo más parecido a un ser humano, se llega así a integrarlo en la vida social. Ahora mismo hay un mundo *off-line* y un mundo *on-line*, que están íntimamente conectados también entre sí. En las redes existen además perfiles que no tienen a un ser humano detrás o perfiles de personas cuyas características no coinciden con la persona que hay detrás. Todo es posible en ese universo ampliado.

10. Una vez integrado lo social, por qué no integrar también lo material, y se va fraguando poco a poco el ya mencionado *Internet de las Cosas*.

11. Y llegamos entonces a lo que hoy mucha gente conoce como «una IA», capaz de crear contenido. Es la *IA generativa*, escalofriantemente semejante al modo humano de comunicarse a través de los chat Bots.

Hemos saltado hitos, que podrían considerarse también importantes, pero estos pienso que son importantes. Sirva en todo caso para reflexión del lector.

Las grandes empresas tecnológicas

Y con todo este desarrollo, surgen grandes empresas que buscan sacarle rendimiento. No todas han triunfado y algunas han resultado fraudulentas. Solo unas pocas están ahí liderando el mundo. Veamos algunos datos, que ya no impresionan demasiado, porque los damos por supuestos. No hablaremos de dinero, pero las cantidades de beneficios son gigantescas y darían para otro libro especializado en esto.

En 2025 se estima que hay aproximadamente 5420 millones de usuarios de redes sociales en todo el mundo. Cada persona, en promedio, utiliza 6,83 redes diferentes al mes[1]. El gasto global en publicidad en redes sociales alcanzará los 276,7 mil millones de dólares en 2025, con un fuerte enfoque en el móvil[2].

---

[1] https://www.forbes.com/advisor/business/social-media-statistics/?
[2] https://sproutsocial.com/insights/social-media-statistics/?

49

Según DataReportal[3], YouTube está siendo la plataforma más utilizada en 2025, seguida por WhatsApp, Facebook, Instagram y TikTok. En particular, Instagram lidera con un 16,6 % de usuarios adultos que la nombran como su favorita. Le siguen WhatsApp (16 %), Facebook (13,1 %), WeChat (12 %), en gran parte por su uso en China, y TikTok (8,1 %). Solo un 3,2 % elige X (antes Twitter) como su plataforma favorita[4].

---

[3] https://datareportal.com/reports/digital-2025-sub-section-top-social-platforms?
[4] https://www.investopedia.com/ask/answers/120114/how-does-twitter-twtr-make-money.asp?

3.
PRESENTE

¿Por qué valen tanto los datos?

¿Qué ha ocurrido de repente, que antes no nos habíamos dado cuenta? Ya se ha mencionado la capacidad de disponer de grandes cantidades de datos *(big data)*, en buena medida, gracias a Internet y en particular al Internet de las cosas. Esto ha generado un desarrollo de algo que había estado latente, pero en funcionamiento, desde la mitad del siglo pasado, la IA.

Un ejemplo ilustrativo de lo que ha ocurrido es la evolución de los traductores automáticos. Los primeros traductores informáticos se remontan a finales de los años cuarenta. Utilizaban un diccionario de ambos idiomas y sus reglas gramaticales. Es algo que, en principio, debería funcionar. Sin embargo, este sistema proporcionaba traducciones demasiado literales, que con frecuencia distorsionaban el verdadero significado del texto original sin poder captar las sutilezas y versatilidad del lenguaje humano. Unas frías reglas y un diccionario no son capaces de recoger la riqueza que encierra un idioma con toda su excepcionalidad, matices y evolución en tiempo real. Años después se utilizaron muestras de traducciones contrastadas de libros y textos. Esto mejoró notablemente las traducciones al ser capaces de tener en cuenta el contexto. Pero todavía eran muy ineficientes. De nuevo, la riqueza de una lengua no acababa de detectarse a partir de esas muestras. Con frecuencia, si el modelo traducía un texto a otro idioma y luego se le pedía que hiciera la traducción inversa, el resultado era muy distinto al original. Los traductores actuales, que funcionan increíblemente bien, trabajan con las traducciones que circulan en Internet, muchas de ellas de muy baja calidad. Se podría decir que ha llegado un momento en el que la cantidad suple la calidad. Un ejemplo sencillo ayuda a entender por qué funcionan tan bien estas traducciones basadas en grandes cantidades de datos, aunque sean de baja calidad. Una práctica que muchos hemos hecho cuando dudamos entre dos formas de construir una frase es escribir en un buscador de Internet cada una de las dos formas. La que aparezca con más frecuencia será muy probablemente la correcta.

Monitorizados

Un porcentaje muy alto de nuestra actividad está *monitorizada*, que junto con lo comentado hasta el momento pone nuestro derecho a la intimidad en entredicho. Va a ser muy difícil evitar en el futuro esta exposición, casi continua, lo que significa un nuevo paradigma vital. Su parte buena es que vale la pena comportarse en todo momento como si lo que escribimos, lo que decimos o lo que hacemos fuera a ser leído, oído o visto por cualquier persona en todo el mundo. Al mismo tiempo, son tantas las cosas que podrían ser retransmitidas, que eso mismo enterraría lo nuestro entre tanta información. No tengo otro consejo: estamos obligados más que nunca a ser buenos y además parecerlo.

Cuando contactamos con alguien por videoconferencia, observamos que el piloto físico de la *cámara* del móvil o del ordenador se enciende. Es un indicador de que nos pueden están viendo. Pero, que no esté encendido ¿verdaderamente nos asegura que no nos están viendo? El piloto no es más que un indicador de que la cámara está en funcionamiento, pero no es necesario que esté encendido para que funcione la cámara. De hecho, ese piloto podría estar estropeado y la cámara seguiría funcionando. Por eso, poner una pegatina física en el visor cuando no se usa, puede ser una medida de prudencia, aunque lo normal será que nadie esté aprovechando nuestra imagen mientras utilizamos el ordenador o el móvil. Puede ser una medida un poco paranoica, pero al menos nos hace conscientes de nuestra vulnerabilidad ante estas posibilidades.

¿Chip en el cerebro o *smartphone*?

El reciente Ericsson Mobility Report estima que en 2024 había en el mundo 8290 millones de móviles y 7 130 millones de *smartphones* (teléfonos inteligentes), que son los habituales en un país como España. La proyección para 2030 era de 9430 millones de móviles y 8660 millones de *smartphones*. La existencia del móvil y en particular del *smartphone* ha marcado un paradigma del todo nuevo en la vida del ser humano. En 2025 había algo más de 8000 millones de habitantes en el planeta. Increíblemente tienen este dispositivo personas con grandes necesidades materiales o que incluso pasan hambre. Resulta interesante saber que, por ejemplo, en África subsahariana en 2024 había 1000 millones de móviles y 540 millones *de smartphones*. La población allí es de unos 1200 millones de personas.

En occidente es muy difícil vivir sin él. Invito a quien esté leyendo estas páginas a revisar los últimos sms que ha recibido en su móvil. Muchos serán códigos para activar alguna operación en el banco, validación de una firma, confirmación de la reserva en el gimnasio, notificación del ayuntamiento, pago de una multa o un cambio de cita en el hospital. Además, puede utilizarse como tarjeta de crédito u otras que dan acceso a determinados lugares o servicios, como el carnet de identidad o de conducir... Hace unos años, solo se daba el número del móvil a alguien muy cercano. Ese círculo se ha ido ensanchando hasta el punto de ser exigido en algunos procedimientos elementales y a los que tenemos derecho. Por otro lado, lo hacemos con mucho gusto porque nos facilitan las cosas. Por ejemplo, se agradece que nos avisen si el vuelo que vamos a tomar se ha retrasado o que nos toca renovar un permiso. A pesar de nuestros esfuerzos por evitarlo, nuestro *smartphone* ofrece muchos de nuestros datos a todo tipo de proveedores.

El móvil dispone de muchas puertas para entrar en nuestras vidas y, aunque, por ejemplo, pensemos que tenemos desactivada la ubicación, es más que probable que de modo más o menos consciente le hayamos ido dando permiso a distintas aplicaciones, entre otras cosas, porque en caso contrario no van a funcionar.

IA generativa y antropomorfización de la IA

Ya se ha comentado en el Capítulo II el éxito de antropomorfizar algo. Para ello utilizábamos el ejemplo de los autómatas, que de hecho son muy antiguos, milenarios. En 2022, ChatGPT lanza una versión de chat Bot, que no eran nuevos en absoluto, que genera una gran aceptación entre públicos muy variados. Básicamente adquiere un modo de responder a las cuestiones muy semejante al modo humano, incluso simulando una cierta sensibilidad. No olvidemos que el género literario de las fábulas siempre ha tenido un toque especial en el ser humano. Los ventrílocuos, aun siendo muy conscientes todos del truco, tienen un éxito increíble, también cuando los chistes o las conversaciones no sean especialmente buenos.

En el mencionado libro del *Juego de Ender*, el enemigo a vencer no es un sujeto, sino una comunidad de insectos, que conjuntamente actúan como si tuvieran inteligencia, aunque individualmente no sean inteligentes. Se habla, por ejemplo, de inteligencia, que no es ni humana, ni artificial, por ejemplo, una comunidad de bacterias. En todo caso hablamos de inteligencia por analogía con la inteligencia humana. Aristóteles consideraba un alma humana, pero también un alma animal y una inteligencia animal. Al final, la referencia es siempre la inteligencia humana.

La llamada IA generativa despunta gracias a la forma humana que se le ha dado, aunque tiene un potencial muy grande detrás. Recuerdo una broma que le gastamos a un amigo a finales de los años 80. Compartíamos el uso de un pc que funcionaba con lenguaje MS-DOS. Hicimos un sencillo programa para que al arrancarlo le saliera un mensaje pidiendo que pulsara al mismo tiempo dos teclas extremas en el teclado. Una vez que las pulsaba le salía un mensaje diciendo que así no, que tenía que ser con la misma mano. Obviamente, esto no le hizo pensar a mi amigo que el ordenador le estuviera viendo, que ni siquiera tenía cámara, pero no deja de ser inquietante recibir una respuesta así. Hoy día, ven y oyen, y eso puede añadir una cierta inquietud ante respuestas que parecen propias de un ser inteligente, que además es amable, respetuoso y que, si le insistimos, nos acaba dando la razón. El hecho es que se están dando casos, no infrecuentes, de personas desarrollando una relación de comunicación como si se tratara de un ser humano. Es cierto que ante determinadas preguntas el chat Bot contesta dejando claro que no es un ser humano, pero esto mismo establece ya una relación que va más allá de lo puramente material.

Podríamos enunciar una sentencia que resulta ser bastante cierta: «¡Antropomorfiza y vencerás!».

En todo caso el hecho de pedir ayuda y recibir la respuesta al modo humano es un aspecto muy positivo. Eso es una ventaja adicional para darnos soporte en nuestro trabajo y en nuestra vida. Es una ventaja que hemos de aprovechar. Cuando el uso de los chat

Bots se hace viral, año 2022, era frecuentes los comentarios jocosos del tipo: «He preguntado a chatGPT... y mira qué respuesta me ha dado». Era divertido hacerle decir cosas equivocadas, ingenuas o absurdas. Estos comentarios y experimentos casi han desaparecido. Por el contrario, muchos lo estamos usando de una manera más o menos intensa y nadie niega la ayuda que aportan.

Un consejo para sacarle el mayor partido es pedirle solo aquello que sabríamos hacer o buscar nosotros con el tiempo y esfuerzo necesarios. Eso nos permite verificar la respuesta. Esto es esencial para no caer en graves errores. La labor de verificación puede ser ardua, pero hay que realizarla siempre. La propia IA nos puede ayudar, por ejemplo, añadiendo nuevas preguntas, pero sobre todo con comprobaciones externas.

Con los generadores de contenido se plantea un problema ético y legal de *autoría* de lo que se produce. La casuística que se deriva de esto es prácticamente ilimitada. Señalaremos algunas situaciones y principios básicos. En primer lugar, es necesario destacar que lo que conocemos como IA no puede ser un sujeto de derechos y deberes, no es un sujeto. Por eso, la autoría no puede ser legalmente de una IA, aunque lógicamente se puede y se debe mencionar cómo se ha utilizado para llegar a un determinado contenido de texto, imagen, sonido o vídeo. De este modo, podríamos identificar como potenciales autores a todas las personas que han intervenido en el proceso, de un modo más o menos directo: el usuario que dio la orden, el proveedor del sistema AI, el que diseñó el modelo, el que lo programó, los autores de las fuentes utilizadas...

El documento «Generative AI and Copyright»[1] de la Comisión Europea insiste en que los derechos de autor tradicionales requieren una «creación humana», lo que genera incertidumbre jurídica cuando la IA produce contenido autónomo. Ante esto cabe subrayar la necesidad de utilizar la IA generativa con transparencia explicando con claridad cómo se utilizó. Por supuesto, la persona que construyó todo el proceso secuencial de *prompts* (es decir, las preguntas y peticiones que le hacemos) limpió y seleccionó los resultados, ha de reconocerse de algún modo. También se han de reconocer los derechos morales de los autores cuyas obras alimentaron el sistema. Podríamos decir que basta con citarlos, pero muchas veces el contenido generado utiliza mucho material que no aparece literalmente en el material generado.

Existen algunas técnicas para destacar el contenido generado, como son las marcas de agua, para etiquetar que se trata de contenido generado artificialmente. Más adelante se hablará con un poco más de detalle del Reglamento de la Unión Europea (Regulación (EU) 2024/1689). En él se introducen obligaciones para modelos de IA de propósito general, incluidas aquellas generativas. Por ejemplo: transparencia, informe sobre datos de entrenamiento o asegurar el cumplimiento de los derechos de autor. En EE.UU., se ha propuesto la Generative AI Copyright Disclosure Act

---

[1] https://www.europarl.europa.eu/RegData/etudes/STUD/2025/774095/IUST_STU%282025%29774095_EN.pdf?

(H.R. 7913)[2], que exige a empresas declarar los trabajos con derechos de autor usados para entrenar modelos de IA.

En resumen, no se busca tanto reducir el mérito de una persona que ha utilizado la IA generativa como de proteger los derechos de los autores originales que la IA está utilizando para generar el contenido.

En mi opinión, no se debería introducir una especie de psicosis sobre la ética de haber utilizado la IA o no para crear algo de lo que uno va a ser autor. Podemos y debemos utilizarla para mejorar nuestro trabajo. Permita el lector que haga una reflexión sobre lo que venimos haciendo hasta ahora y en qué medida es trasladable a esta nueva situación. El producto de la investigación, sea del tipo que sea, se hace público, una vez revisado concienzudamente. Las formas de publicación son artículos en revistas científicas o libros. Los autores que firman estos trabajos no solamente certifican que el trabajo es suyo, sino que se ha realizado con todo el rigor que la ciencia exige, sin haber manipulado la información de ninguna manera. Se hace así responsable, además de adquirir los derechos de autor. Es muy importante siempre citar aquellos trabajos en los que se apoya nuestra contribución. Cuando es necesario hacer cálculos complejos, que llevan consigo la utilización de aplicaciones informáticas ya existentes, que resuelven un problema utilizando unas técnicas determinadas, se suele citar que se ha utilizado tal o cual paquete de ese *software*. Luego la documentación de

---

2 https://www.europarl.europa.eu/RegData/etudes/STUD/2025/774095/IUST_STU%282025%29774095_EN.pdf?

ese paquete citará otras referencias a trabajos en los que se basa, pero esos no necesariamente serán citados también en el artículo. Esto podría servir para trasladarlo al campo de lo generado por IA, pero siempre con mucho tiento, porque no es lo mismo.

La pregunta clave es hasta qué punto se ha de citar todo lo que ha empleado la IA para llegar ahí. Salvando las distancias, que no son pequeñas, veamos un término de comparación con lo que venimos haciendo. Pensemos en una persona que ha estudiado la carrera de Historia, ha leído muchos libros, los ha estudiado, memorizando incluso algunos textos. Si esa persona escribe un libro de historia, deberá citar todo aquello que transcriba literalmente, y también ideas que haya recogido de otros autores. Sin embargo, todo lo que ha leído y estudiado le ha dado un bagaje cultural, que obviamente no ha de citar necesariamente, no sería posible. Del mismo modo la IA podría utilizar un cierto bagaje, que no me atrevo a llamar cultural, que no será necesario citar.

El problema no es sencillo, no está resuelto ni desde un punto de vista legal ni desde un punto de vista ético. Siempre está por detrás la ética de cada persona, que le lleva a citar todo lo que piense que es justo, quizá con el criterio de que, en caso de duda, es mejor citar. También entra dentro de esta ética distinguir si un trabajo es esencialmente creación de la IA y que, por tanto, no debe asumir la autoría en absoluto.

Por otro lado, los creadores de la IA han de tener también en cuenta criterios de protección de la autoría. Al principio se violaron muchos principios éticos y legales, que poco a poco se han ido corrigiendo. En todo caso, aún queda mucho camino por recorrer.

No podemos terminar este apartado sin volver a la necesidad de verificar toda la información que nos proporciona la IA generativa, por ejemplo, ChatGPT, Gemini, copilot, deepseek... Para hacerlo, ayuda tener una cierta idea de cómo funciona el algoritmo que hay detrás. El algoritmo generativo se basa en redes neuronales complejas. Una vez que se ha hecho la pregunta o petición, investigará toda la información pública que hay en red, a la que todos tenemos acceso. Utilizará también todo aquello que haya ido generando y que sirve también para alimentar el algoritmo. Básicamente, busca predecir una palabra o grupo de palabras a partir de toda esta información y la secuencia de palabras que ya ha construido. Por ejemplo, si ha leído en muchas ocasiones frases del tipo «el perro es un mamífero», asimilará que mamífero sigue a la palabra perro. Supongamos que ha construido la frase siguiente: «Existen muchas razas de perros. En algunos casos el tamaño de un perro de una raza es hasta cincuenta veces mayor que el.........». La palabra que sigue podría ser «tamaño», «de», «más»... Una red neuronal asignará una probabilidad a cada una de ellas de acuerdo a lo que tiene en los datos recopilados de textos semejantes. Podría asignar, por ejemplo, las probabilidades 0,4 para «tamaño», 0,2 para «de», 0.04 para «más»... y así elegiría «tamaño» como la siguiente palabra. Pienso que este ejemplo es suficiente para ver lo vulnerable que es el procedimiento. Si hay mucha información sobre lo que se ha pedido, todo irá relativamente bien. Si

61

la información es escasa o inexistente, el sistema puede llevar a respuestas erróneas. Además, la red neuronal puede fallar al asignar las probabilidades. Y una vez que comienza a construir equivocadamente, puede caer en lo que llamamos una *alucinación* proporcionando información totalmente incorrecta. Al pedirle algo, hemos de pensar si nosotros, con esfuerzo y quizá con mucho tiempo, seríamos capaces de hacerlo buscando en la red en todo aquello que es público. Si no lo vemos claro, quizá no sea capaz y comience a alucinar. Esto es peligroso, porque lo hace de un modo que resulta muy verosímil y que fácilmente lleva a engaño.

Human-in-the-loop: legislación, ética y educación

Ni se puede ni se debe *legislar* todo. Existen comportamientos inmorales que no están penalizados por la ley. Si todo estuviera plasmado en leyes con sus correspondientes sanciones, este mundo sería insufrible y el orden público no daría abasto para poner en práctica esos preceptos. Sería deseable que al menos lo que se ha legislado sea conforme a la ética y la moral, lo que desgraciadamente no siempre sucede. Hay siempre un equilibrio que lograr. Respecto a lo que no está legislado, bien porque la norma va siempre por detrás de la realidad, bien porque no es necesario legislarlo, una persona debe fundamentar su comportamiento en la *educación en virtudes y valores*. El autocontrol y dominio de sí está en la base, lo que supone un conocimiento de sí mismo y de las propias limitaciones. Hace tiempo tuve ocasión de entrevistar a dos personas para evaluar su desempeño en el trabajo. A cada uno le pregunté por los aspectos que debía mejorar en su trabajo. Uno de ellos hizo, con toda sencillez, una lista pormenorizada de sus debilidades y aspectos a mejorar. No era perfecta, pero se ajustaba bastante bien a la realidad, al menos a la que yo era capaz de percibir. La otra persona se bloqueó ante esa pregunta y no fue capaz de enunciar ni siquiera una línea de mejora concreta. Las que mencionó finalmente eran muy genéricas, casi aplicables a cualquiera e incluso inculpando a otros de ellas. La diferencia es que la primera tiene un puesto con un salario que duplica el de la segunda, que además corresponde a lo que aporta cada una.

Cuando hablamos de la ética en la IA, no pensamos en que un sistema de inteligencia artificial con una función determinada sea sujeto de responsabilidad. Es obvio que solo las personas son responsables y pueden y deben ajustar su obrar a los principios éticos. Otra cuestión distinta es quién o quiénes son responsables de una determinada actuación de la IA. Esto ha ocurrido desde siempre. Por ejemplo, si un perro muerde a alguien en la calle, el responsable es su dueño, o quizá el veterinario que hizo mal su trabajo y le dio al animal una medicación que le volvió agresivo sin advertírselo al dueño. Estos mismos principios son aplicables a la IA, si bien es cierto que es todo más novedoso y entran en juego más agentes que complican la asignación de la responsabilidad.

Podríamos decir que hay unos principios éticos y unas leyes generales que se aplican a un sistema de IA como caso particular. Esto no ofrece demasiado problema, más allá de la adaptación específica y la actuación de peritos en el tema. Hay, sin embargo, muchos otros aspectos que requieren una legislación y el desarrollo de unos principios éticos particularizados. Este es un tema de trabajo y de investigación al que se da una importancia crucial en Europa, algo menos en Estados Unidos y poca en el mundo asiático, especialmente China. Me atrevería a decir que, en estos momentos, hay una guerra fría de los datos y de la IA entre Estados Unidos y China.

Una legislación excesivamente restrictiva frena la investigación y el desarrollo de la tecnología. Por eso es necesario llegar a un equilibrio. Para lograr ese equilibrio es esencial la educación ética de productores y usuarios.

Lo primero que se necesita para legislar sobre la IA es dar una definición. El reciente Reglamento (UE) 2024/1689 del Parlamento Europeo y del Consejo[3], también conocido como el *AI Act*, proporciona esta definición de los *sistemas de inteligencia artificial*: «sistema basado en una máquina que está diseñado para funcionar con distintos niveles de autonomía y que puede mostrar capacidad de adaptación y de influir en entornos físicos o virtuales». Por su parte, las internacionalmente reconocidas normas ISO, en particular la ISO/IEC TR 24030:2021 lo define así: «Habilidad de adquirir, procesar, crear y aplicar conocimientos, a través de un modelo, para llevar a cabo una o más tareas específicas». Aunque esta última no tiene una inten-

---

[3] https://eur-lex.europa.eu/eli/reg/2024/1689/oj

cionalidad de legislar, sin embargo, ofrece una referencia en el mundo tecnológico. Existe una nueva versión, todavía no traducida al castellano: ISO/IEC TR 24030:2024Information technology — Artificial intelligence (AI) — Use cases. Ninguna de las dos definiciones es especialmente elocuente, pero cumplen su función.

El Reglamento europeo, que no solamente es norma para los países de la Unión Europea, sino que se ha convertido en referente internacional, pone su acento en los *riesgos* derivados de un uso inadecuado de la IA. Establece distintos niveles de riesgo, que todos, y en particular las empresas e instituciones que lo usan, deben tener en consideración. Son ya muchas las empresas certificadoras que están surgiendo en el mercado, habitualmente mediante auditorías en las que se examinan los riesgos establecidos en este reglamento en cada uno de los procesos que utiliza IA en la entidad. En el marco de nuestro instituto y en colaboración con el proyecto IA+Igual, he tenido la oportunidad de colaborar en la edición de un libro blanco para la acreditación ética de procesos de recursos humanos que utilizan IA (2025)[4].

El Reglamento europeo establece un marco jurídico que regula el desarrollo, la comercialización, puesta en servicio y uso de los sistemas de inteligencia artificial en la Unión Europea. Busca promover una IA centrada en el ser humano, confiable y que respete la salud, la seguridad, los derechos fundamentales (entre ellos, la

---

[4] https://iamasigual.eu/wp-content/uploads/2025/07/Libro-Blanco_IAI-GUAL.pdf

democracia, el Estado de derecho y la protección del medio ambiente).

Clasifica los riesgos en diferentes niveles:

- **Usos inaceptables**: violan derechos fundamentales o valores de la UE. Ejemplos: manipulación de la conciencia, clasificación personal o evaluación no autorizada de individuos.

- **Riesgo alto**: requerimientos estrictos. Son los relativos a gestión de riesgos, supervisión humana, transparencia, registros de actividad y ciberseguridad.

- **Riesgo limitado**: obligaciones más ligeras.

- **Riesgo mínimo**: información básica.

Por otro lado, distingue entre proveedores, usuarios y desarrolladores. Las sanciones por incumplimiento pueden ser económicamente grandes. No obstante, el reglamento podría convertirse en una oportunidad competitiva para las empresas que se adapten bien.

En Europa, la ética *en la IA* es un buque insignia. Con frecuencia, como ya se ha comentado, se culpabiliza de que Europa vaya por detrás de Estados Unidos y China en el desarrollo de la IA al empleo exagerado de recursos en Europa para garantizar la responsabilidad ética y jurídica de todos los procesos que utilizan IA. Es cierto que en todos los campos de la vida parece que aquellos que viven de una manera ética están en desventaja respecto a los que utilizan la mentira, las medias verdades, modos equívocos de transmitir las cosas, para sacar mayor partido a sus negocios. A pesar de que solemos decir que «se pilla antes a un mentiroso que a un cojo», que «a todo cerdo le llega su San Martín», que «antes o después todo pasa factura» y un largo etcétera, a veces no es fácil asumir que el comportamiento ético vale la pena. Pero lo cierto es que vale la pena.

La ética en los datos

Para medir las consecuencias y la evolución de este nuevo reglamento, podemos fijarnos en el *Reglamento* (europeo) *General de Protección de Datos (RGPD, UE 2016/679)*. Una vez más, Europa se adelanta a normativizar un tema de trascendental importancia, hace ya casi diez años, aunque entra en vigor en 2018. Con unos pocos años de experiencia nos cuestionamos hoy si no hemos obstaculizado lo que debería resultar más fluido, mientras se escapan cuestiones muy relevantes a ese control. Se considera la ley de privacidad más estricta del mundo. Regula el tratamiento de datos personales y facilita la libre circulación de dichos datos dentro de la UE. Otorga, por ejemplo, el así conocido «derecho al olvido» y el derecho a no ser sometidos a decisiones automatizadas sin intervención humana. Al mismo tiempo entra en juego también el valor de la transparencia, la limitación de uso y reutilización de los datos, así como su almacenamiento o la confidencialidad. Se exige consentimiento explícito, informado y libre para el tratamiento de datos, nombrar un Delegado de Protección de Datos (DPO), entre otras muchas prescripciones. En España, todo esto lo supervisa la Agencia Española de Protección de Datos, que forma parte del Comité

Europeo de Protección de Datos (CEPD). Las posibles sanciones no son menores.

Indudablemente es necesario un reglamento de este tipo. Como siempre, algunos se han afanado por encontrar puertas traseras para saltarse, en el fondo, el espíritu de la ley, mientras que otros sufren las crudezas de sus normas hasta extremos ridículos. Vamos a ver algunos ejemplos que demuestran esta triste realidad, por otro lado, perfectamente legal.

La letra pequeña, gran aliada de algunas pólizas de seguros y otras entidades, es ahora la base de muchas organizaciones para conseguir nuestros datos de modo «legal». Si leyéramos toda la letra pequeña que se nos presenta a lo largo del día, no haríamos otra cosa. De hecho, no nos daría tiempo. Acabo de utilizar un programa en la web que transforma ficheros pdf en Word y me ha pedido aceptar las condiciones, que me supondría leer en este caso un texto de 4986 palabras. Me han pedido además el email, sin el cual no me van a dar el fichero transformado. La mayor parte del texto es repetitivo o no tiene mayor relevancia, pero entre tanta letra se pueden introducir cuestiones trascendentales sin darnos cuenta. A esto se une también la parte no legal que se cuela sin apenas percibirlo. Muchas veces está escrito con un lenguaje difícil de entender para un lego en la materia, e incluso para alguien que no lo es tanto, lo que requeriría una lectura atenta y no superficial.

Para salvaguarda la normativa, muchas instituciones añaden a los correos electrónicos (a cada uno) un texto del tipo siguiente:

Este mensaje puede contener información confidencial. Si usted no es el destinatario o lo ha recibido por error, por favor, bórrelo de sus sistemas y comuníquelo a la mayor brevedad al remitente. Los datos personales incluidos en los correos electrónicos que intercambie con el personal de XXX podrán ser almacenados en la libreta de direcciones de su interlocutor y/o en los servidores de XXX durante el tiempo fijado en su política interna de conservación de información. XXX gestiona dichos datos con fines meramente operativos, para permitir el contacto por email entre sus trabajadores/colaboradores y terceros. Puede consultar la Política de XXX en la dirección: https://www.xxx

This email message may contain confidential information. If you are not the intended recipient of this message or their agent, or if this message has been addressed to you in error, please immediately alert the sender by reply email and then delete this message and any attachments. The personal information included in email messages exchanged with employees of the XXX may be stored in the database of your interlocutor and/or the servers of XXX for the time-period stipulated by its internal information storage policy. XXX stores such data for purely administrative purposes, to facilitate e-mail contact between its employees and third parties. XXX Privacy Policy may be accessed at https://www.xxx

Antes de imprimir este mensaje o sus documentos anexos, asegúrese de que es necesario. Proteger el medio ambiente está en nuestras manos.

Before printing this e-mail or attachments, be sure it is necessary. It is in our hands to protect the environment.

El texto completo tiene casi 300 palabras, que nadie lee, pero que garantizan que XXX está cumpliendo la normativa. Si se inicia una línea de mensajes en la que en cada respuesta arrastra automáticamente todos los mensajes anteriores, estaríamos generando una gran cantidad de texto «basura», que a la postre es consumo de energía y un atentado a la sostenibilidad. No me atrevo a decir que todo esto es por culpa del reglamento de protección datos, pero es un hecho.

Otro ejemplo, un tanto irónico, es que para hacer una fotografía a unos menores de edad que asisten voluntariamente a un acto público con profesores de su colegio a su cargo, es necesario el permiso explícito de los padres en un documento lleno de más texto y muchas veces impreso en papel. En muchos casos, los padres firman a principio de curso un permiso general sobre estos temas, lo que quizá les haga más vulnerables que si no fueran necesarios tantos permisos. Lo que sí resulta sorprendente es que al mismo tiempo son los mismos padres los que ponen una fotografía con sus hijos, en traje de baño, en el perfil de su WhatsApp o en alguna red social. No deja de ser algo sumamente paradójico. Invito al lector a añadir un contacto a su móvil con un número elegido al azar, por ejemplo, el suyo cambiando un dígito. No hace falta intentarlo muchas veces para que aparezca alguien que tenga cuenta de WhatsApp. Si es así, podremos ver la fotografía que ha puesto en su perfil, aunque no la conozcamos de nada. Yo lo he hecho y aparece una mujer con un traje bastante escotado, con la que podría ser su madre y con fotografías enmarcadas detrás. No es nada malo, pero da pena que de este modo tan poco discreto uno se muestre al mundo sin restricción. Si yo lo he podido hacer, con más facilidad una IA.

Es importante definir qué datos se pueden medir y de ellos cuáles se deben usar en investigación, incluso sin la autorización expresa de los individuos. Los procedimientos que se utilizan para anonimizar unos datos han de ser adecuados de modo que no se desvirtúe el estudio. Es un tema muy complejo, que está en la raíz de las cuestiones éticas relevantes en estos momentos.

Una vez más, en este afán de garantizar el buen hacer y los derechos de los ciudadanos se refleja la cultura europea profundamente marcada por el cristianismo, independientemente del número e intensidad de creyentes que haya. Es un tema de debate abierto si el caminar prudente, y por eso más lento, de Europa puede traer a la larga más beneficios.

Se generan muchos productos alrededor de la IA que son de poca calidad o incluso fraudulentos. El hecho de ser un tema complejo, con un reducido número de personas formadas que saben lo que técnicamente se puede y no se puede hacer, convierte estos productos en algo difícilmente contrastable. Esos productos van desde la formación en sí misma hasta el desarrollo de plataformas informáticas más o menos visuales pero que quizá no ofrecen nada novedoso o verdaderamente útil. A veces, incluso se ponen de moda gracias a sofisticadas campañas publicitarias y se acaban comprando masivamente sin que produzcan un beneficio claro. También incluyen la generación de modelos y algoritmos que aparentemente funcionan, pero que son difícilmente contrastables. Un ejemplo podría ser una aplicación de reconocimiento facial para un macroconcierto en el que las personas han comprado una plaza *on-line* sometiéndose a un proceso de reconocimiento facial. Supongamos que se ha entrenado un modelo de reconocimiento facial, pero que no ha resultado ser muy bueno. Si se juega con el umbral para decidir si una persona está o no entre los que han pagado para asistir, podría ajustarse de modo que en caso de mínima duda dé el visto bueno. De este modo se reducen los falsos negativos, que después de una queja serían admitidos. Al mismo tiempo habrá un mayor número de falsos positivos, pero que no se quejarán de que se les permita asistir gratis al evento. Las pocas quejas generadas darían la sensación de que la aplicación es muy buena, salvo que por otros medios pudiera contabilizarse que han entrado muchos más que las entradas vendidas. Así y todo, si nadie es consciente de esta estrategia, los intentos de entrada sin pagar no serían muchos y podría resultar bien el engaño. Todavía más difícil de contrastar sería un modelo de perfilado de clientes que determina qué productos ofrecer a cada potencial cliente. El fraude en este tipo de productos está a la orden del día. Puede que incluso el producto sea un gran éxito, pero no por la publicidad que ha generado el algoritmo, sino porque el producto es realmente bueno o por otras causas difíciles de medir.

La *gestión del dato* exige que haya materia prima, que no son solo los datos, sino todos los análisis que pueden realizarse con ellos. Si no hay analistas, programadores, matemáticos y estadísticos, no hay nada que gestionar. En todo caso, lo subcontratarán con el consiguiente incremento del gasto.

La *privacidad de los datos* es una cuestión trascendental hoy día y que podríamos decir que requiere todavía de mucho estudio. Se ha comenzado diciendo que ni se puede ni se debe legislar todo. Europa ha legislado rápidamente con una ley de protección de datos muy detallada y estricta. Como ya se ha comentado, después de unos años de experiencia nos cuestionamos hoy si no hemos obstaculizado lo que debería resultar más fluido, mientras se escapan cuestiones muy relevantes a ese control. Es importante definir qué datos se pueden medir y, de ellos, cuáles se deben usar en investigación, incluso sin la autorización expresa de los individuos. Los procedimientos que se utilizan para anonimizar unos datos han de ser adecuados de modo que no se desvirtúe el estudio. Es un tema muy complejo, que está en la raíz de las cuestiones éticas relevantes en estos momentos.

Explicaremos ahora la llamada *reutilización* de los datos y sus implicaciones éticas. Con frecuencia cedemos el uso de los nuestros de diversos modos. Por ejemplo, al instalar una aplicación en el móvil o en el ordenador nos piden proporcionar unos datos, especialmente si es gratuita. De un modo u otro, consentimos en la utilización de esos datos. En la consulta médica o en el hospital con frecuencia firmamos un consentimiento para que utilicen esos datos en una investigación en particular. Hasta ahí, relativamente bien. El problema ético surge cuando se quiere utilizar esos datos con un objeto que va más allá del consentimiento que dimos. Por ejemplo, cuando venden esos datos a otra empresa o cuando se quieren utilizar en otra investigación para la que no habíamos dado un consentimiento explícito. Con frecuencia, esto puede resultar inmoral, pero hay casos en los que sería lícito si con ello no se perjudica en absoluto a los que han proporcionado los datos y sin embrago pueden servir para encontrar tratamientos eficientes para una enfermedad, por poner un ejemplo muy sensible. Todo ello está regulado. En alguna ocasión se ha preguntado a algunos enfermos si daban su consentimiento para utilizar o reutilizar sus datos para desarrollar nuevas terapias curativas y no solo han mostrado su acuerdo, sino incluso su extrañeza de que no se estuviera haciendo ya. Hay usos que son tan beneficiosos para todos, que parece poco razonable establecer políticas de protección excesivamente rígidas, que de hecho solamente retrasan la investigación y retrasan así la curación de muchos enfermos.

Sesgo en los datos y en los algoritmos

Muchos algoritmos aplicados a la selección de personas para un puesto de trabajo han mostrado ser discriminatorios respecto de determinados grupos sociales, de la raza o del sexo. El *sesgo en los algoritmos* es objeto de estudio y está dando resultados muy interesantes. Es bien sabido que, con frecuencia, el sesgo no está propiamente en el algoritmo, sino en los datos que lo alimentan, es decir, en la sociedad en la que vivimos. Veremos a continuación algunos ejemplos.

En 2019, un estudio de investigación reveló que un algoritmo de atención médica vendido por Optum favorecía a pacientes blancos por delante de pacientes negros, incluso estando estos más enfermos. El algoritmo predice cuánto costará el sistema de atención médica en el futuro. Sin embargo, el coste no es neutral con respecto a la raza, debido a que los pacientes negros tuvieron 1800$ menos en costes médicos por año que los pacientes blancos con el mismo número de problemas crónicos. Esto llevó al algoritmo a calificar a dichos pacientes blancos con el mismo riesgo de padecer ciertos problemas de salud en el futuro que los pacientes negros, cuando en realidad estos sufrían significativamente más enfermedades.

En 2016, se descubrió que la red social de profesionales LinkedIn recomendaba variaciones masculinas de los nombres de las mujeres en respuesta a las consultas de búsqueda. El motor de búsqueda no hizo recomendaciones similares en la búsqueda de nombres masculinos. Por ejemplo, «Andrea» mostraba un mensaje preguntando si los usuarios querían decir «Andrew», pero las consultas por «Andrew» no preguntaban si los usuarios querían encontrar a «Andrea». La compañía dijo que esto fue el resultado de un análisis de las interacciones de los usuarios con el buscador.

En 2015, Google se disculpó cuando algunas personas negras se quejaron de que el algoritmo de identificación de imágenes en la aplicación de fotos los identificaba como gorilas.

Para corregir estos sesgos, se puede actuar en tres momentos:

1. Antes de aplicar el algoritmo, reparando los datos que van a entrenarlo *(pre-proceso)*.

1. Corregir el algoritmo para que los resultados en la categoría protegida sean semejantes a los de la categoría privilegiada *(en-proceso)*.

2. Corregir los resultados para conseguir la equidad final *(post-proceso)*.

Existen *métricas* para medir lo buenos (precisos y fiables) que son unos resultados y también hay otras para medir un posible sesgo en ellos. Los modelos de IA, básicamente, clasifican a una población o hacen predicciones. En el primer caso estarían los perfilados de posibles clientes para enviar a cada uno la publicidad más eficiente y, en el segundo, las predicciones del mercado con el objeto de invertir en una cartera de valores con mayor o menor riesgo. Para simplificar al máximo las explicaciones, vamos a elegir un ejemplo sencillo. La generalización es técnicamente más compleja, pero la idea se entenderá igualmente. Me va a perdonar el lector el uso de términos ingleses porque o bien no tienen una traducción estándar o bien porque en este campo no llegan a traducirse.

Supongamos que queremos clasificar a una población en dos grupos, por ejemplo, los que van a entrar en un proceso de selección más estricto con algunas pruebas y entrevistas para ser contratados en una empresa y el resto, que directamente se van a rechazar. Por una parte, la empresa quiere contratar a las personas que mejor se ajusten a sus necesidades y que produzcan el mayor beneficio a la empresa a medio y largo plazo. Por otro lado, desde un punto de vista ético, dos personas en las mismas condiciones de preparación y profesionalidad demostrada deberán tener las mismas oportunidades independientemente de su sexo, raza o edad. El algoritmo se alimentará con casos reales de éxito y de fracaso para ajustar un modelo que, aplicado a los candidatos, proporcione el grupo de los seleccionados en esa primera fase. Los datos para alimentar el algoritmo, por tanto, son casos históricos, por ejemplo, de otros empleados, de los que se obtiene información en el momento de su contratación y el desempeño de sus tareas desde entonces. Se suelen dividir en dos grupos aleatoriamente, típicamente en una proporción de 70-30%. El primero se utilizará como grupo de entrenamiento *(training)* y el segundo, como grupo de *testing*. Hay modelos de *caja blanca* que permiten calcular algunas métricas sin necesidad de hacer esta división en grupos, aunque con frecuencia también se suele hacer así por un afán de medir en las mismas condiciones a unos y otros.

Para evaluar los resultados de un algoritmo de clasificación binaria, como en el caso expuesto, la llamada *accuracy* medirá la proporción de predicciones correctas, mientras que la *precisión* será la proporción de verdaderos positivos entre los predichos como positivos. Por su parte, la *sensibilidad* mide la proporción de verdaderos positivos, es decir, los correctamente identificados entre todos los positivos. De un modo simétrico, la *especificidad* mide la proporción de verdaderos negativos. En este caso tenemos dos errores posibles, los falsos positivos y los falsos negativos. Obviamente, ajustando las decisiones podemos conseguir pocos falsos positivos, pero a costa de incrementar los falsos negativos o al revés. La relación entre unos y otros no es proporcional. Dependiendo del peso de cada uno de estos errores, pondremos el listón más o menos arriba para hacer esa clasificación.

Un ejemplo que ahora nos resulta muy cercano es la prueba PCR, debido a la experiencia de pandemia de COVID19. Esta prueba no proporciona una respuesta binaria de sí o no. De hecho, el resultado es un número, que oscila entre 10 y 45. Se establece entonces un umbral por encima del cual se considera que no tiene la enfermedad y por debajo, sí. Este umbral es típicamente 35, pero es una elección arbitraria, un número demasiado redondo, de hecho. La elección de este umbral hace que haya más o menos falsos positivos o negativos. Es importante considerar que los falsos positivos en una PCR tenían mucha menos importancia que los falsos negativos. Errar con un falso positivo tenía unas consecuencias de confinamiento, fácilmente soportables. Sin embargo, un falso negativo significaba una persona enferma transmitiendo el virus sin precauciones. Por eso, la especificidad del test se puso al 99.99...%, mientras que la sensibilidad podría no llegar al 70%. Hay muchas otras métricas para este y otros modelos, pero estas pueden servir para hacerse una idea.

Al mismo tiempo queremos evaluar también la *equidad (fairness)* de los resultados. Para ello es necesario detectar qué atributos pueden ser *sensibles* (por ejemplo, el sexo). Una métrica muy sencilla es la *paridad demográfica (demographic parity)*, que mide si la tasa de predicción positiva es la misma ente hombres que entre mujeres. Esta métrica asume que en justicia la proporción seleccionada en ambos grupos ha de ser la misma, lo que no tiene por qué ser así en general. Imaginemos que se quiere contratar a una persona con profundos conocimientos de una profesión muy nueva como es la de científico de datos. En un caso así, un procedimiento justo llevaría a contratar a una mayor proporción de jóvenes que de personas menos jóvenes. Por ejemplo, desde hace unos años existen titulaciones universitarias de científico de datos o de IA que antes no existían y, por tanto, habrá más gente joven con esa formación. Por tanto, no significaría sesgo el hecho de que se contrate a gente joven en vez de senior. Puede que algún lector estuviera dispuesto a rebatirme este argumento, pero eso solo demostraría que el problema de la equidad en los algoritmos y en los mismos datos no tiene una solución sencilla y que no puede resolverse solamente de una manera puramente técnica.

Otra métrica, menos sensible a lo que acabamos de comentar, es la llamada *igualdad de oportunidades (equal opportunity)*, que compara la tasa de verdaderos positivos en ambos grupos. Por su parte, *equalized odds* compara si la tasa de verdaderos positivos y falsos positivos es igual en ambos grupos. Ambas métricas se fijan más en lo que debería ser y no tanto en que los distintos grupos estén igualmente representados. De nuevo hay otras muchas, pero estas pueden servir para hacerse una idea. Esta variedad de métricas, tanto de bondad técnica como de *fairness*, indican que no es fácil medir ni una ni otra. De hecho, con frecuencia se utilizan varias métricas dependiendo del modelo que se esté utilizando y de los objetivos.

Un ejemplo de juguete puede ayudarnos a comprender estas ideas. El lector puede saltárselo sin perder por ello la esencia de lo que se está planteando. Tenemos 10 clientes que queremos clasificar en dos grupos (0 y 1). Supongamos que los resultados son los siguientes:

Cliente->	1	2	3	4	5	6	7	8	9	10
Real	1	0	1	0	1	0	1	0	1	0
Predicho	1	0	1	1	1	0	1	1	0	0
Género	M	H	H	M	H	M	M	H	M	M
M: Mujer - H: Hombre										

Por «real» entendemos lo que debería ser y por «predicho», lo que nos muestra el algoritmo. A partir de aquí se construye la llamada *tabla de confusión:*

	Predicho: Positivo	Predicho: Negativo
Real: Positivo	Verdadero Positivo (TP) = 4	Falso Negativo (FN) = 1
Real: Negativo	Falso Positivo (FP) = 2	Verdadero Negativo (TN) = 3

Métricas de rendimiento (cuanto más se acerquen a 1, mejor hacen la clasificación):

1. **Accuracy** = (TP + TN) / Total = (4 + 3) / 10 = 0,70

2. **Precision** = TP / (TP + FP) = 4 / (4 + 2) = 0,67

3. **Sensibilidad** = TP / (TP + FN) = 4 / (4 + 1) = 0,80

4. **Especificidad** = TN / (FP + TN) = 3 / (2 + 3) = 0,70

Métricas de fairness:

- *Demographic parity:* Analizamos si el modelo predice **1** con la misma frecuencia para mujeres y hombres. De las 6 mujeres ha predicho un 1 en 3, es decir, una proporción de 0,5; mientras que ha predicho un 1 en 3 de los 4 hombres, es decir, una proporción de 0,75. Esta métrica suele darse como la diferencia entre ambas: 0,75 - 0,50 = 0,25. Por tanto, el modelo predice 1 más a menudo para hombres que para mujeres y se podría hablar de sesgo de género. Para que no haya sesgo, esa cantidad debería ser cercana a cero.

- *Equal opportunity:* el algoritmo acierta en 2 de 3 mujeres que tenían un 1 (una proporción de 0,67) mientras que acierta en 2 de 2 hombres que tenían un 1 (una proporción de 1). Por tanto, la métrica es mayor que la anterior: 1,0 - 0,6667 = 0.3333. Por tanto, identifica un mayor sesgo si se toma lo «real» como referencia de lo que debe ser.

- *Equalized odds*: esta métrica evalúa dos diferencias, una entre las tasas de verdaderos positivos, ya calculada antes, y otra entre las tasas de falsos positivos dando lugar a:

$$1,0 - 0,6667 = 0,3333$$
$$0,5 - 0,3333 = 0,1667$$

Evidentemente, estas métricas por sí solas son frías y sin una adecuada justificación filosófica, sociológica, etc., no pueden funcionar adecuadamente. Una vez más, el trabajo conjunto del científico de datos con expertos y científicos de la ética, así como del dominio en el que se aplica, cobra un papel esencial en este terreno.

Sostenibilidad: algoritmos verdes

Se ha comentado que, en lugar de haber disminuido el consumo de papel con la aparición de los ordenadores, ocurrió todo lo contrario. Adicionalmente el uso masivo de ordenadores lleva consigo un consumo energético importante. La huella de carbono que deja la IA no es nada despreciable. Con frecuencia se utilizan viejos modelos y algoritmos, ahora con ordenadores más potentes, lo que con cierta frecuencia supone matar moscas a cañonazos con un consumo energético desproporcionado por innecesario.

Estamos ante un problema grave de sostenibilidad. Surge así el concepto de *algoritmo verde*, no en el sentido de algoritmos aplicados al medioambiente, sino en el sentido de la búsqueda de la eficiencia de los algoritmos que se utilizan, de modo que consuman menos energía para su funcionamiento. La ejecución de un algoritmo, es decir, un programa informático por parte de un usuario, requiere un consumo energético proporcional al número de procesadores que intervienen y el tiempo de ejecución. Aunque para un usuario concreto esto pueda ser imperceptible, sin embargo, son consumos que se multiplican a su vez por el número de usuarios. Por eso, conseguir mejorar un algoritmo de modo que se reduzca el consumo energético va en beneficio de la sostenibilidad, pero también del propio usuario.

Cao-Abad (1917) muestra un ejemplo muy ilustrativo para reducir la carga computacional, es decir, el tiempo de cálculo y, de este modo, el consumo energético. En muchos análisis en torno a la IA es necesario calcular la mediana, que es un número que divide un conjunto de números en dos mitades con los bajos y los altos. Para ello hay que ordenar los datos. El proceso de ordenar crece exponencialmente con el número de datos. En este ejemplo, los datos son temperaturas que se han medido cada segundo en una cadena de 1000 tiendas durante 3 años, es decir, tendríamos nada menos que 95 000 millones de datos. Existe un algoritmo muy rápido para ordenar números que se llama Quicksort y que requeriría nada menos 3,5 billones de operaciones. Si un ordenador hace 100 millones de operaciones por segundo, se necesitarían 10 horas. Por supuesto hay ordenadores más rápidos, pero baste como ejemplo.

Si utilizamos la siguiente estrategia, podríamos reducir considerablemente el tiempo de computación. Comenzamos dividiendo los datos en 4100 millones de grupos, lo que es un problema menor computacionalmente. Luego se calculan las medianas de cada grupo. Aunque sean muchos grupos, el coste total es mucho menor que el de una sola mediana para todos los datos. Haciendo su media, tendríamos una aproximación muy buena de la mediana global. Este procedimiento resulta 6 veces más rápido que el global. Esta es una de las estrategias típicas para lidiar con grandes cantidades de datos a la vez a las que se saca partido. A esta estrategia se le suele llamar divide y vencerás.

Otro modo de reducir el consumo energético es utilizar menos datos, pero selectos, para alimentar los algoritmos. Gracias a la teoría estadística, esto se puede hacer de un modo seguro y más eficiente. El siguiente gráfico muestra 800 000 observaciones. En el eje horizontal se muestra la capacidad media de las habitaciones de un hotel en metros cuadrados, mientras que la vertical se reserva para el grado de satisfacción de los clientes.

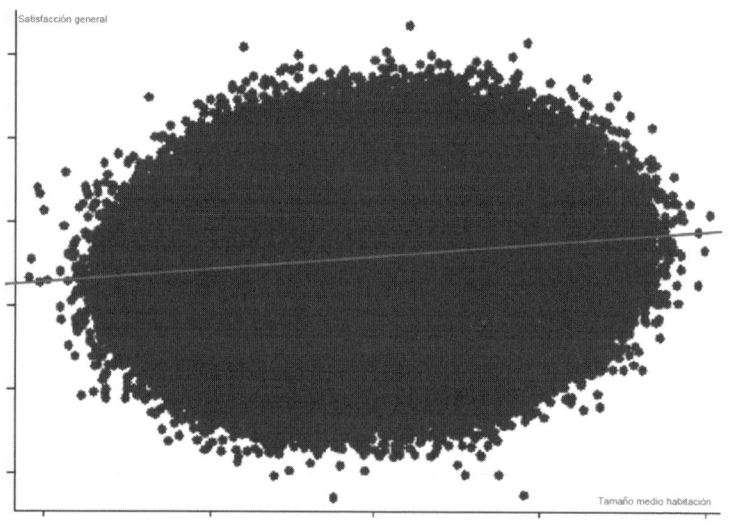

El gráfico muestra una nube de puntos excesivamente densa como para detectar algo más que una ligera tendencia creciente, que indicaría un mayor grado de satisfacción conforme crece el tamaño medio de las habitaciones de un hotel. Obviamente estamos simplificando mucho un problema en el que deberían tenerse en cuenta otras variables y utilizar entonces los modelos adecuados. Buscamos solamente mostrar las ventajas de hacer un submuestreo y utilizar, por ejemplo, una muestra aleatoria de 1000 de los 800 000 datos disponibles. Seleccionando al azar esos 1000 datos, podría obtenerse una gráfica como la que se muestra a continuación:

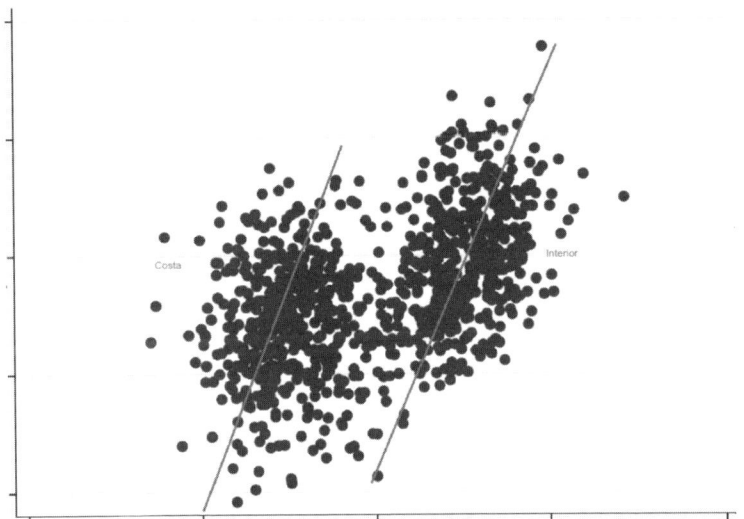

Se sigue apreciando la forma de la nube original, pero con un gráfico más limpio llegamos a detectar dos grupos de hoteles y clientes. Haciendo una inspección sobre los hotcles de uno y otro grupo, resulta que los de la izquierda corresponden a hoteles de la costa, mientras que los otros son del interior. En ambos casos además, la tendencia creciente es mucho más patente. Es un ejemplo rebuscado y ficticio. En la realidad no es todo tan claro, pero este tipo de situaciones aparecen con bastante frecuencia.

Cathy O'Neil (2018), matemática que ha trabajado en la empresa privada como científica de datos, señala los riesgos reales de llevar estas tecnologías a niveles inhumanos como autora del libro *Armas de destrucción matemática*.

Adicciones

Steve Jobs decía que el ordenador es como una bici para la mente. Nos permite ir mucho más rápido con menos esfuerzo. Proporciona una inmediatez que puede ser aprovechada para hacer más rápido y con más precisión nuestro trabajo, pero también para obtener productos que con un uso inmoderado nos intoxican. La propia inmediatez alimenta la falta de moderación. Es un círculo vicioso que se retroalimenta. Es mítica esa imagen de un mundo dominado por la IA mientras los seres humanos embelesados en sus pantallas le proporcionan la energía necesaria para que esta sobreviva.

En torno al uso de Internet, con todo lo que eso lleva consigo, han ido apareciendo nuevas adicciones o se han incrementado otras. Realmente no hay nada nuevo desde un punto de vista moral o patológico, pero sí nuevas formas y formatos, que requieren un tratamiento más especializado y sutil. Simplificando mucho, podríamos decir que hay dos tipos de adicciones. Las que suponen el consumo de alguna sustancia y las basadas en comportamientos. La base de lo adictivo está en lo rápido, la inmediatez, que proporcionan las propias tecnologías, los juegos, las compras, las redes sociales o la pornografía.

Ya se ha hablado del *smartphone* como puerta de entrada a nuestra intimidad, siendo así generador de posibles adicciones. El momento tecnológico marcado por el smartphone va de 2007 a 2012, siendo ahora un bien común al alcance de casi todo el mundo, especialmente occidental, pero también en países en vías de desarrollo.

Hace ya más de cinco años, el documental «El dilema de las redes sociales», dirigido por Jeff Orlowski, se convirtió en uno de los más vistos de Netflix. Pone de manifiesto el uso que hacemos de las *redes sociales*, o más bien el uso que hacen las redes sociales de nosotros. Se muestra la manipulación que las redes ejercen cada segundo sobre todos sus usuarios y cómo esa manipulación puede llegar a desestabilizar el sistema. En esos momentos, un 87% de españoles era ya usuario de redes con una media de 1 hora y 19 minutos diarios de conexión. Teniendo en cuenta que muchos de los que tienen cuenta apenas la usan, se podría decir que hay un grupo no pequeño, habitualmente de gente muy joven, que pasa horas todos los días conectado a ellas. El único oponente a esta adición es el sueño. La estructura y finalidad de las *series* va directamente contra esta necesidad vital, que agrava muchas patologías y crea otras.

En este ambiente de inmediatez, ha aparecido una nueva forma de adicción a la pornografía. No es que no existiera, pero en estos tiempos ha alcanzado límites muy por encima de tiempos pasados. La inmediatez que venimos comentando hace que tengamos a mano, con gran facilidad, un material que hace años no tenía tan fácil acceso, en particular para los jóvenes, y que para conseguirlo era necesario dar una serie de pasos no triviales. Hoy día es hasta difícil sortear la oferta que hay en Internet sin necesidad de buscar nada explícitamente. Es más, un *clic* relativamente inocente, quizá llevado por la curiosidad, puede acabar donde no hubiéramos querido llegar ni hubiéramos llegado hace 20 años. Hay muchos estudios sobre la incidencia de esta adicción. Me ha resultado interesante un estudio del Laboratorio Interdisciplinario sobre Derechos y Libertades de la Universidad de las Islas Baleares (LIDIB) sobre la pornografía y su impacto en los menores. En el informe «Estudio sobre pornografía en Baleares: acceso e impacto sobre la adolescencia, derecho internacional y nacional aplicable y soluciones tecnológicas de control y bloqueo» afirman que el 90% de los adolescentes consume pornografía y lo más sorprendente es que los padres lo niegan. Hay un 30% de hombres adictos a la pornografía, casi toda violenta. Es muy fácil acceder y el sistema te lo ofrece si has demostrado cierto interés y sabiendo que a todo ser humano le produce cierto interés. Está pensado para enredarnos, si nos dejamos enredar. Los filtros de los padres acompañan a los hijos en su uso de la tecnología, incluso las prohibiciones ayudan mucho, pero no bastan. Una vez más es necesaria una educación de las virtudes y de la responsabilidad.

Formación y mercado laboral

Entre las muchas cuestiones relativas a la IA que nos intranquilizan hoy está la nueva configuración del mapa laboral que se está fraguando en estos momentos. La pregunta sobre si la IA me va a quitar mi trabajo surge en cualquier campo, incluidos algunos de alta capacitación, como es la investigación o la medicina. Hasta hace poco se hablaba de la supresión de aquellos trabajos menos cualificados y que son susceptibles de ser automatizados, mientras los de más alta cualificación requerirían incluso más personal. En el siguiente capítulo analizaremos cómo puede ser la evolución futura del mundo laboral. Ahora nos deberíamos centrar en cómo prepararnos para afrontar los cambios que vienen. Nos enfrentamos a una nueva civilización, que parece llegar de modo acelerado.

En resistencia de materiales se utilizan modelos para predecir la duración de edificios, puentes, carreteras... con el objeto de desarrollar planes de prevención y mantenimiento. Obviamente, cuando esto se investiga, no podemos esperar años para ajustar el modelo adecuado que nos permita hacer estas predicciones. Por eso se suelen utilizar en el laboratorio modelos de tiempos acelerados, que en un periodo razonable de investigación nos permita contar con herramientas de prevención sólidas y bien fundadas. La experiencia de la historia de las revoluciones industriales nos ayuda a estar en guardia y afrontar el futuro. La mayor dificultad estriba en la velocidad a la que se están produciendo los cambios mientras otras revoluciones fueron más lentas. Con el símil planteado anteriormente, necesitamos, o estamos abocados a utilizar modelos históricos en tiempo acelerado. La adaptación a las revoluciones industriales fue difícil y trajo consigo enriquecimiento del mundo, a la vez que mayor pobreza en grandes grupos de población. Tuvieron un gran impacto en la política, con cambios duros, movilizaciones de la sociedad e incluso la creación de un supuesto paraíso comunista, que nadie puede negar que se trató de un experimento fallido, que causó y sigue causando tanto dolor. Ahora nos enfrentamos a unos pocos inversores muy potentes que acumulan la riqueza mundial con sus empresas tecnológicas, que parecen no tener freno.

El mundo empresarial siempre tuvo una connivencia con el mundo político, que, siendo natural y buena, no pocas veces genera corrupción. Desde hace años se ha ido incrementando, no una connivencia, sino la irrupción de empresarios en la vida política. En muchos casos se aplican medidas propias del mundo empresarial a la política de los países. La estructura mundial reparte el mundo en países con sus fronteras, a veces inexpugnables. ¿Acabaremos con una estructura mundial que reparte el mundo en empresas, donde los países no sean más que elementos culturales, meros museos? No será pronto, en todo caso, pero la misma globalización ayuda a ello. A veces resulta más difícil entrar en las instalaciones de una gran empresa, que entrar en otro país, y no me refiero solo al movimiento dentro de la Unión Europea.

Pero nos estamos adelantando al capítulo siguiente. Baste decir que vale la pena aprender del pasado para prepararnos para el futuro. Nos encontramos con IA hasta en la sopa, y debe ser así. A veces, lo que nos venden como IA no es IA. En otras ocasiones nos dan gato por liebre. A veces no somos conscientes de lo que es pura ficción imposible, al menos a corto plazo. En otras ocasiones pensamos que algo es ciencia ficción cuando es pura realidad, que quizá entraña riesgos contra los que no estamos preparados, ni siquiera para reconocerlos. No sé si aporta algo decir que es necesario formarse en estos temas, en todos los campos y en todas las edades. Es un hecho la proliferación de formación en distintos aspectos, usos y aplicaciones de la IA en muy diversos formatos. El desarrollo de «productos» formativos es muy lucrativo, se paga bien y con frecuencia no requiere grandes inversiones. Pido disculpas al lector por utilizar la palabra «producto», que va en contra de los principios más básicos de la alta idea de la educación, pero he querido resaltar así su rendimiento económico. Se da la circunstancia de que incluso se paga mejor una formación superficial, mientras la formación más profunda es menos valorada en términos económicos. Conforme la formación se acerca más a la aplicación, más lucrativa es. Se valora menos la formación más básica en la que se forma sobre cómo funciona lo que se aplica y que de hecho permite desarrollos novedosos adaptados. Se valora más a quien solamente ha aprendido a utilizar u programa informático, sabiendo solo superficialmente lo que está haciendo. Más rentable, en términos económicos, es una formación en la que lo que más se valora es el *networking* entre los alumnos, más que la formación profunda.

Se habla de la Industria 4.0 como una revolución industrial semejante a la del siglo XIX, pero que irrumpe con una mayor velocidad. El nuevo paradigma laboral está plagado de incertidumbres. Se suele decir que no perderemos el trabajo porque nos lo quite una IA, sino porque otros se adapten antes que nosotros a estas tecnologías. Se habla de la destrucción de muchos millones de puestos de trabajo en pocos años, si es que no está siendo ya una realidad. Se darán situaciones en las que una empresa deberá elegir entre dos personas, en una invertirá en su formación y la otra será despedida. Las grandes empresas del sector son conscientes de ello y se comienza a hablar de la deuda social que todo esto genera. Se habla, por ejemplo, de un salario social que deberían aportar las empresas a esas personas que han despedido y que van a ser capaces de subirse a este carro a consecuencia de la nueva tecnología.

Hay otras cuestiones laborales que surgen en este marco. Un ejemplo es la explotación de trabajadores que se dedican a «etiquetar». Para alimentar un modelo puede ser necesario que alguien se lea textos o inspeccione objetos para ponerles una etiqueta, tipo «mensaje positivo/mensaje negativo». Esto recuerda a la explotación de trabajadores que fue terrible en el pasado y que todavía se da en algunos países, mientras miramos para otro lado.

¿Cómo subo mi empresa al carro de la IA?

Que el uso de la IA es rentable en todos los campos no admite ninguna duda. Que hay muchas menos personas formadas para esta demanda es también bastante claro. Que hay fraude en muchos que pretenden vender a una empresa o institución esa subida al carro de la IA, me atrevo a decir que también.

¿Qué hacer entonces? ¿Contrato una consultora para que haga este trabajo? ¿Me acerco a los centros del saber, como las universidades, para establecer una colaboración? ¿Me acojo a las ayudas de los gobiernos para conseguir este objetivo? ¿Contrato un equipo de científicos de datos, con buenos salarios, que resuelva el problema? ¿Reciclo a parte del personal mediante una formación a medida? ¿Planifico una formación adaptada a cada puesto de trabajo sin excluir a ninguno? ¿Doy un giro radical y me convierto en consultora de IA?... o ¿espero pacientemente y observo cómo van evolucionando las cosas apostando siempre por caballo ganador?

Ojalá tuviera una respuesta clara y nítida que ofrecer, pero me temo que casi nadie la tiene, aparte de unos pocos visionarios que consiguen ir por delante en todo esto. La respuesta no es unidireccional y quizá tenga un poco de cada una de las cuestiones planteadas en el párrafo anterior. Antes de tomar una decisión, conviene dejarse asesorar por alguien que conozca todo esto en profundidad y, si es posible, que no tenga intereses en ninguno de los caminos a seguir.

Una empresa pequeña necesitará subcontratar los servicios de una consultora, mientras que una empresa grande quizá pueda tener su propio departamento de datos o de IA. Elegir bien la consultora o a los empleados que formen ese departamento no es una tarea sencilla. Antes de todo esto, la empresa ha de preguntarse qué quiere conseguir con la IA. Vale la pena comenzar por un proyecto pequeño, con objetivos muy claros, e incluso que sabríamos resolver con lo que tenemos en la empresa en estos momentos. Se suele decir que saber formular bien un problema incluye saber la solución, o al menos el procedimiento para resolverlo. En esto ocurre lo mismo. Ese proyecto, que puede ser piloto, servirá para medir ese potencial de la empresa de saber preguntar y también la capacidad de la consultora o el personal contratado para resolverlo adecuadamente. Se ha de tener en cuenta que no basta que nos resuelvan el problema, sino de que lo hagan con alta rentabilidad. No me sirve que me resuelvan el problema que vengo resolviendo en el mismo tiempo, con el mismo coste e incluso de la misma forma.

Dicho todo esto, que es básico en el mundo empresarial, volvemos a insistir en la capacidad de hacer las preguntas adecuadas, planteamiento del problema y con el lenguaje adecuado. Para eso es necesario formar a los empleados en estos temas, a todos. Y del mismo modo que en el párrafo anterior, viene la búsqueda de la formación adecuada. Hay mucha oferta, pero no todo es oro. La formación tiene que ser adaptada a cada puesto de trabajo y a cada persona en particular. No todos tienen las mismas necesidades ni las mismas capacidades.

Resumiendo, es necesario un plan estratégico con distintos hitos y que busque resolver problemas concretos a la vez que se ofrece una formación adaptada. Es importante aclarar que, cuando hablamos de problema, no estamos entendiendo algo que va muy mal y hay que resolver. Entendemos por problema un proyecto de mejora en un determinado aspecto, en algo muy concreto. Es el punto de partida, que genera la elaboración de unas hipótesis que hay que contrastar. Los ejemplos van desde la oportunidad de lanzar un producto determinado al mercado, hasta lanzar una campaña de publicidad selectiva o buscar la fidelización de los propios empleados.

Filosofía «wiki» y tecnología *blockchain*

La metodología «wiki» (quizá sea más adecuado otro nombre) consiste en que algo (un texto, una transacción) se hace público en una plataforma (red) y todos los que están en ella (y puede estar todo el que quiera) tienen oportunidad de validarlo, corregirlo, mejorarlo, desautorizarlo... De esta metodología formaría parte la Wikipedia, y también la tecnología *blockchain* con sus reglas y modos particulares. Algunos lenguajes de programación de código abierto, como R o Python, también juegan con esa idea. Y como comentaremos al final, también podría funcionar para la revisión de trabajos científicos, que tan en entredicho está en estos momentos.

Blockchain (o cadena de bloques) es una tecnología con distintas aplicaciones que tienen un impacto notable en nuestro modo de vivir. Es bien conocida por su aplicación a las criptomonedas como el bitcoin. Vamos a intentar dar una explicación, un tanto ingenua y simplista, de su funcionamiento, que está vinculado a la tecnología y parcialmente a la IA. Para ello utilizaremos la idea de la criptomoneda y recorreremos de una manera también simplista la aparición del dinero.

Antes de la aparición del dinero, la transacción de bienes se hacía mediante el trueque. Por ejemplo, se intercambiaban cinco gallinas y dos corderos por un buey. Aparecen entonces monedas que en muchos casos eran de oro o plata y su valor era el del oro o la plata que contenían. Los billetes, ligados a la invención de la imprenta, suponen un paso importante hacia el simbolismo del dinero. Obviamente, un trozo de papel no tiene el mismo valor que lo que se compra o paga. Al mismo tiempo debía tener algo que lo hiciera infalsificable y la emisión correría a cargo de una institución soberana como la monarquía, que apoyaba esto en un patrimonio, habitualmente de oro. Surgen los bancos que guardan el dinero ofreciendo seguridad y también la participación de las ganancias del banco al invertirlo. En un momento dado aparece otro hito en el que se hacen transacciones electrónicas o digitales de una persona o empresa a otra con una simple anotación en un libro de cuentas del banco. La aparición de la informática permite que esto se haga sin que haya algo físico y tangible como un libro de cuentas. Además, permite que esa transacción sea visible a varias personas o instituciones al mismo tiempo. Todo esto hace que el dinero físico cada vez sea menos necesario y que vaya desapareciendo, de modo que hay mucho menos dinero impreso del que realmente circula.

En esta situación surge la criptomoneda, basada en el *blockchain*. Imaginemos que cinco personas con sus empresas comienzan a hacer negocios entre sí evitando los bancos y para ello utilizan un dinero digital, o por mejor decir, electrónico. Supongamos que en un momento dado cada uno tiene una cantidad de criptomoneda, que es reconocida por todos. Eso está anotado de alguna manera en un «fichero» compartido por todos. Uno de ellos quiere comprar un 10% de la empresa de otro, por ejemplo, por 100 unidades de esa criptomoneda. Le hace una transacción de esas 100 unidades en presencia de los demás, que actúan como verificadores de que ahora esas cien unidades pertenecen al que ha vendido el 10% de su empresa. No olvidemos que el fichero está compartido por todos y que la transferencia se hace efectiva cuando todos la verifican. Lo que hay detrás de todo esto es una plataforma que permite realizar y registrar esto de una manera eficiente y segura. Cada uno tiene los permisos que le correspondan, por ejemplo, no podrá transferir el dinero de otro, pero sí certificar que se ha hecho una transacción con el consentimiento de emisor y receptor. Se evitan así los trámites y costes del banco, aunque deben pagar los impuestos que correspondan como cualquier otra transacción en el mercado.

Este sistema es el llamado *blockchain*, que tiene otras aplicaciones, como son la trazabilidad en cadenas de suministro, la gestión de activos digitales y contratos inteligentes, el registro de documentos, la identidad digital o la votación electrónica. Actúa como un fichero de cuentas compartido, donde las transacciones se registran en una red de ordenadores (nodos) en lugar de un solo servidor central. Para mayor eficiencia, los datos se agrupan en «bloques», y cada bloque contiene una referencia criptográfica al bloque anterior, un sello de tiempo y los datos de las transacciones. Puede permitir que dos partes realicen una transacción sin necesidad de un intermediario de confianza, gracias a mecanismos de consenso distribuidos. Las mayores ventajas son la descentralización, en cuanto que son los propios usuarios los valedores de las transacciones; la inmutabilidad, en cuanto que el registro es muy robusto; la transparencia y verificabilidad. Además, la integridad de la cadena se protege mediante técnicas criptográficas que vinculan los bloques entre sí.

Aunque no lo parezca, todos estos procesos, que a veces se llaman de minado *(mining)*, consumen mucha energía. Ese minado está compuesto por distintas acciones, como agrupar transacciones, resolver problemas criptográficos, validar bloques y añadirlos a la cadena existente. Por supuesto, no todo lo que utiliza la tecnología *blockchain* está igual de descentralizado o es igual de seguro. Existen además lagunas regulatorias que hay que abordar.

Todo esto está en relación con lo que podríamos llamar metodología *wiki* y que se basa en una descentralización que implica la actuación de los usuarios. Podríamos entenderla como una democratización de procesos que tradicionalmente ha controlado el estado u otras instituciones más o menos grandes, como es un banco o una editorial. Ejemplo pionero es la Wikipedia. En los comienzos tuvo muchos detractores, pero poco a poco se ha convertido en una fuente fiable, que incluso se usa en el ambiente científico. Tiene algunas características muy interesantes que la diferencian de todo lo que podría estar cerca:

1. No es perfecta, pero suele quedar claro. Por ejemplo, si un artículo necesita referencias o hay algo que debe ser revisado con más atención o completado, lo explicita.

2. Si no estoy de acuerdo con algo, puedo manifestarlo.

3. Cualquiera puede ser revisor y editor, pero al mismo tiempo ha de certificar su nivel de intervención. Habitualmente, esto se certifica con su historial de actuación.

4. Cualquiera puede escribir un artículo, pero si no tiene las referencias adecuadas, acabará por ser eliminado.

Se parece a la idea de la *blockchain* en cuanto que son los propios usuarios los que garantizan la veracidad, seguridad y calidad del sistema. Esto lo hacen de un modo más o menos explícito o automatizado.

Estos párrafos finales no tienen nada que ver con *blockchain*, pero sí con la filosofía «wiki». Son de interés para los investigadores preocupados por el proceso de publicación científica, especialmente en unos momentos en los que un mal uso de la IA generativa está llevando a publicaciones espurias. Actualmente se utiliza la tradicional revisión de los artículos por pares. Esto significa que un artículo, antes de ser aceptado por una revista científica, ha sido revisado por especialistas en el tema (en ese sentido se llaman «pares» de los autores, es decir, sus iguales). Con frecuencia se piden al menos dos revisiones, pero en ocasiones pueden ser más, si son necesarias, para que el editor de la revista tome una decisión. Es un sistema tradicional que se ha utilizado desde hace muchos años y que funciona razonablemente bien. Típicamente, una revisión negativa lleva al rechazo del artículo. Es un sistema que produce pocos falsos positivos, es decir, artículos que se han aceptado y que no deberían haberse aceptado. Por contraposición genera muchos falsos negativos. Se dice, por ejemplo, que, de los 10 artículos de matemáticas más relevantes de la historia, siete fueron rechazados la primera vez que se enviaron a una revista para su publicación. Así como un falso positivo es algo grave, especialmente si se ha pretendido demostrar de modo incorrecto algo que es falso, un falso negativo no lo es. Hay otras muchas revistas a las que se puede enviar de nuevo.

La necesidad de publicar mucho y rápido ha llevado a una situación de cuello de botella en la que no hay revisores competentes suficientes para todas las publicaciones. Eso retrasa de modo preocupante la publicación de buenos artículos y además genera ansiedad en los investigadores o candidatos a ello que necesitan publicar rápido para poder defender la tesis o para acceder a un puesto de trabajo. De este modo han surgido revistas y editoriales que, aprovechando esto, han sido capaces de publicar rápidamente con un proceso de revisión discutible o incluso inexistente. Al mismo tiempo han conseguido que su revista se sitúe en puestos altos de los *rankings* reconocidos que se utilizan para medir la bondad de una revista. Esto último lo han hecho con procedimientos también muy discutibles o directamente fraudulentos, por ejemplo, exigiendo a los autores que citen otros artículos de esa revista.

Se están tomando medidas para paliar todo esto, pero no es fácil y muchas de estas medidas se acaban convirtiendo en un arma de doble filo. La dificultad de detectar estas revistas, de hacer listas negras o blancas, etc., conduce a veces a una caza de brujas que aprovechan algunas personas sin escrúpulos. La metodología «wiki» podría funcionar para resolver este problema. Ya existen repositorios gratuitos donde cualquiera puede subir su artículo antes de ser publicado o incluso sin que lo vaya a ser. En esos repositorios podría caber esa posibilidad de revisión democratizada. Por ejemplo, si un artículo no lo descarga o no lo cita nadie, eso ya es un indicador de su poca importancia. Si tiene errores o hay plagio, otros pueden ponerlo en evidencia. De ese modo se puede construir para cada artículo, y no para cada revista, unos indicadores de su calidad. Es probable que acabe imponiéndose esto, pero hace falta tiempo. Pero, sobre todo, para que triunfe un sistema así, es necesario que todo el mundo lo use. Para ello ha de llegar un momento en que comience a hacerse viral.

¿Qué dice el Papa matemático?

El Papa Francisco ya había escrito algunas consideraciones sobre la IA en *Antiqua et Nova* (2024), una nota sobre la relación entre la inteligencia artificial y la inteligencia humana, auspiciada por los dicasterios para la doctrina de la fe y para la cultura y la educación. La providencia ha querido que el nuevo papa tenga una formación matemática profunda, lo que le permite afrontar este tema desde las raíces, también en sus aspectos más técnicos y científicos.

León XIV es el segundo Papa matemático de la historia, después de Silvestre II, «el Papa del año 1000», quien influyó en la introducción en Europa del sistema decimal arábigo y el uso del cero. Antes de ordenarse sacerdote, Robert Francis Prevost se licenció en Matemáticas en la Universidad de Villanova, en 1977.

Las matemáticas, además de proporcionar herramientas para resolver muchos problemas, ayudan a amueblar la mente. Los matemáticos suelen destacar en la resolución de problemas complejos, la gestión estratégica y la toma de decisiones basada en datos. Es una ciencia transversal que permite y debe dialogar con otras ciencias. Esto lleva a mentes abiertas, que no se atan a una terminología, capaces de comprender otros lenguajes e inquietudes. Precisamente esta parece ser una de las virtudes del nuevo Papa. Se podría decir que la matemática es el lenguaje en el que Dios ha escrito el universo. Lo que hacemos los matemáticos es tratar de descubrirlo, tarea que no tiene fin. Quizá por eso, un descubrimiento matemático, por ejemplo, la demostración de un teorema, proporciona una satisfacción, que no es fácil comparar a otras alegrías humanas.

En algunas ciencias se cuestiona la verdad de casi cualquier teoría. En matemáticas, algo es verdad o no lo es. Si está demostrado, es un teorema y, si no, una conjetura, que puede tener muchos indicios de ser cierta, pero no se toma como cierta todavía. Y la verdad se identifica con la belleza, que quizá no se muestra en las fórmulas a primera vista, pero está ahí. Las *fake news*, o noticias falsas, se difunden más fácilmente con la IA. Incluso ella misma las genera de modo muy verosímil. No todo vale.

El papa León XIV ha mostrado una gran preocupación por la IA. Recientemente, en el mensaje a la «Segunda Conferencia Anual de Roma sobre la Inteligencia Artificial, Ética y Gobernanza Empresarial»[5], que se celebró en Roma del 19 al 20 de junio de 2025, ha advertido de «la urgente necesidad de una reflexión profunda y un debate constante sobre la dimensión intrínsecamente ética de la inteligencia artificial, así como sobre su gestión responsable». En relación a la familia, previene que «con su extraordinario potencial para beneficiar a la familia humana, el rápido desarrollo de la inteligencia artificial también plantea cuestiones más profundas sobre el uso correcto de esta tecnología para generar una sociedad global más auténticamente justa y humana». Acentúa con fuerza que es «ante todo un instrumento», como afirmó el papa Francisco en su Discurso en la Sesión del G7 sobre Inteligencia Artificial el 14 de junio de 2024.

---

[5] https://www.vatican.va/content/leo-xiv/es/messages/pont-messages/2025/documents/20250617-messaggio-ia.html?

Resalta la bondad del uso de la IA para atender al «bienestar de la persona humana no solo desde el punto de vista material, sino también intelectual y espiritual». Me parece interesante esta consideración: «La inteligencia artificial, especialmente la generativa, ha abierto nuevos horizontes en muchos niveles diferentes, entre ellos, la mejora de la investigación en el ámbito sanitario y los descubrimientos científicos, pero también plantea preguntas preocupantes sobre sus posibles repercusiones en la apertura de la humanidad a la verdad y la belleza». Hace referencia finalmente a la preocupación por el uso que niños y los jóvenes pueden hacer la IA y sus consecuencias en su desarrollo intelectual y neurológico. Asevera que «el acceso a los datos —por muy vastos que sean— no debe confundirse con la inteligencia, que, necesariamente, implica la apertura de la persona a las cuestiones últimas de la vida y refleja una orientación hacia lo Verdadero y lo Bueno» (*Antiqua et nova*, n. 29). Frecuentemente señala también que desarrolladores y usuarios de IA comparten la responsabilidad de promover la dignidad humana. En términos generales se reafirma la necesidad de que la Iglesia ofrezca su enseñanza social en esta nueva era tecnológica.

En su Carta Apostólica, el papa León XIV (2025), hablando de la educación, menciona tres ideas, que me parecen relevantes:

1. No se puede reemplazar la persona por la IA: «Las tecnologías deben estar al servicio de la persona, no sustituirla».

2. Hay mucho más en el ser humano que la pura capacidad de cálculo numérico: «Ningún algoritmo podrá sustituir aquello que hace humana la educación: la poesía, la ironía, el amor, el arte, la imaginación, la alegría del hallazgo e incluso la educación en el error como ocasión de crecimiento».

3. No se puede valorar a alguien con una fórmula: «Una persona no es un "perfil de competencias", no se reduce a un algoritmo predecible, sino que es un rostro, una historia, una vocación».

4.
FUTURO

¿Qué va a ocurrir?

A mediados de los años 90, un amigo me comentaba que esto de la informática es un tren que pasa y que había que subirse en ese momento si no queríamos perderlo para siempre. Pienso que no podía estar más equivocado. La informática y toda la nueva tecnología hace todo lo posible por subirnos a todos a ese tren, y lo consigue. Hay muchos beneficios en lograr que mucha gente necesite esos servicios y que además aporte sus datos, que resultan muy valiosos para las grandes empresas tecnológicas. ¿Quién me iba a decir entonces que podría establecer videoconferencias con mis padres, que no han tenido ninguna formación en este campo y tienen ya una edad avanzada? Esta es la realidad en la que estamos y es indudable el impacto que tiene ya en muchos terrenos a todos los niveles y en todas las edades.

A todos nos inquieta hacia dónde va este proceso de incorporación de la IA en nuestras vidas. En particular,

¿perderemos el control sobre estas herramientas? Profetizar es gratis y son muchas las predicciones hechas sin tener conocimientos técnicos mínimos y frecuentemente sin datos. La profecía se vende bien en medios de comunicación, e incluso en las aulas. Hoy día hay mucha ciencia ficción acerca de la IA, incluso en ambientes académicos y de investigación, lo que me resulta triste.

Como ya se ha comentado, mucha de la ciencia ficción del siglo XX ha resultado totalmente desorientada, al menos por el momento. Hay casos interesantes de autores de ciencia ficción que sí han dado en el clavo. Algunos ya se han mencionado. Mencionaremos ahora algunos pasajes más concretos. Adams, en la *Guía del autoestopista galáctico*, menciona algunos detalles que nos resultan ahora muy naturales. Un par de ejemplos nos servirán para hacernos una idea. En un universo con gran cantidad de criaturas inteligentes, la multiplicidad de idiomas es enorme. Hay criaturas muy bien dotadas para los idiomas, como es el caso del pez Babel, pequeña criatura amarilla que se inserta en el oído y tiene la capacidad de traducir automáticamente un idioma hablado en el universo de modo que se puede establecer una conversación normal entre criaturas que no hablan el idioma de su interlocutor. No cabe duda de que esto ya está ahí. Cada vez hay más gente por la calle con unos auriculares escuchando música, un audiolibro o hablando por teléfono o videoconferencia. Puede que, en un futuro no muy lejano, todos utilicemos unos cómodos audífonos o auriculares más sofisticados y cómodos, que además de cumplir esta misión de conectar con el *smartphone*, el ordenador, la televisión o nuestro asistente virtual (Siri, Alexa, Google Assistant…), puedan cumplir también su función de asistir al que no oye bien. Al mismo tiempo, los traductores y los lectores automáticos han avanzado tanto, que podríamos encontrarnos a una persona hablando en chino y otra en alemán, sin que ninguno de los dos conozca el otro idioma y entendiéndose perfectamente. Faltan algunos ajustes técnicos, pero está casi al alcance de la mano. En otra ocasión, el protagonista se sitúa delante de una máquina de refrescos, que le analiza y construye el refresco que más le apetece o necesita en ese momento. Literalmente esto no es ahora mismo una realidad, pero nos hace pensar en cómo al sentarnos con el ordenador o el móvil y abrir un navegador, hacer una búsqueda, entrar en una red social, etc., nos encontramos con lo que más nos apetece o necesitamos en ese momento.

En la escuela militar del *Juego de Ender* (Card, 1985), todos los ciudadanos tienen acceso a terminales conectados a una red global mundial de comunicación, conocida como «the Net» (la Red). Esa red almacena la información y aplicaciones centralmente, y los usuarios solo necesitan un dispositivo para acceder. La Red está diseñada para que millones de usuarios interactúen simultáneamente, algo que exige (implícitamente) recursos informáticos, como los que ofrecen los servicios en la nube hoy día. Esto es una predicción clara de internet y de lo que hoy llamamos nube, que son unos servidores remotos. De hecho, en nuestro equipo personal teóricamente no necesitaríamos tener nada almacenado. En mi opinión, si todavía seguimos teniendo ordenadores personales, no es porque no haya tecnología para funcionar como en el *Juego de Ender*, sino por nuestras limitaciones personales de adaptación mental y, sobre todo, porque hay empresas muy interesadas en seguir sacando partido de vendernos ordenadores (*tablets y smartphones* incluidos), con una potencia mucho mayor de la que necesitaríamos. Esto va claramente en contra de la sostenibilidad, cuya bandera enarbolan muchas de estas empresas. Los alumnos de la novela reciben una consola, es decir, un terminal que les conecta a la «nube», donde sus profesores siguen su progreso. Los alumnos tienen como objetivo llegar hasta el final en un juego que van supervisando los profesores. Además, los hermanos de Ender crean una red social, un tanto perversa, pero con las características de las redes actuales. Peter y Valentine Wiggin crean una plataforma de foros y debate político dentro de la red. Utilizando identidades falsas logran influir en la opinión pública y en la política mundial. Peter adopta el pseudónimo (perfil) «Locke», con un tono moderado y conciliador. Valentine usa el pseudónimo «Demosthenes», con un discurso más combativo y nacionalista. A través de esta estrategia, ambos consiguen seguidores, notoriedad y finalmente una influencia real sobre gobiernos y líderes, anticipando de algún modo lo que hoy sería la manipulación política a través de redes sociales y foros *online*. Es una novela de 1985, cuando Internet no existía en este sentido, ni se atisbaba lo que había de ser.

Huxley (1932) en *Un mundo feliz* muestra una sociedad esclava de su propia tecnología, más orientada en este caso a la tecnología reproductiva, que también va dando en el clavo conforme avanzan los conocimientos de genética. No quiero llamarla manipulación, porque sugiere algo inmoral y en muchos casos no lo es, aunque en otros es aberrante y sobrecogedora. Pienso que, de hecho, tiene mucho más riesgo este campo que el de la IA propiamente dicha.

Se habla a veces de la capacidad de trasladar la mente de un ser humano concreto a un soporte digital y así inmortalizar a una persona. Aunque es ciencia ficción en la que no queremos entrar, muchos de estos planteamientos tienen un apoyo materialista radical. El límite de lo espiritual bloquea de raíz muchos planteamientos de este tipo.

Futuro intranquilizante: entre el miedo y el pánico

El miedo por el dominio sobre el hombre de una generación de máquinas es una constante en la historia de la humanidad. En esta sesión pretendemos poner los pies en el suelo en los momentos que vivimos actualmente, que son bien intensos y con muchas cuestiones actuales relevantes sin necesidad de inventar un futuro poco probable.

¿Estamos ante una *burbuja* que estallará en un momento dado? Sí, hay una burbuja que estallará, si no lo está haciendo ya, pero intuyo que no será como la burbuja inmobiliaria, que provocó una gran crisis mundial de repente. Aquí hay un sustento muy sólido y cuando estalle, quedará este soporte, que se basa en el conocimiento y la investigación de nuevas técnicas. Cuando estalle, conviene estar situado en el lugar adecuado, con la cualificación adecuada. Erik Brynjolfsson y Andrew McAfee en su libro *Race Against the Machine* de 2011 aseguran que «nos encontramos en la fase de los dolores de parto de una Gran Reestructuración. Las tecnologías avanzan a toda velocidad, pero muchas de nuestras habilidades, así como diversas organizaciones, se están quedando atrás». Destacan tres grupos específicos que se situarán en el lado lucrativo de esta brecha laboral y que se alzarán con una cantidad desproporcionada de los beneficios de la Era de las Máquinas Inteligentes:

1. **Los propietarios** *(owners)*, que poseen el capital para invertir con riesgo en las nuevas tecnologías que guían la Gran Reestructuración.

2. **Las superestrellas**, que han generado entre muchos jóvenes el «síndrome del garaje». ¡Son los tres amigos que se juntan en un garaje y sin financiación ponen en marcha una idea genial y muy rentable que les hace famosos! Existen, son pocos y no es posible contratarlos a tiempo completo, sino pagarles por proyectos.

3. **Los trabajadores altamente cualificados**, que saben cómo se hace. Dominan «otras tecnologías, como la visualización de datos, la analítica, las comunicaciones de alta velocidad y la creación expedita de prototipos, han propiciado el aumento de la contribución de un ra-

zonamiento más abstracto y basado en la información, lo cual ha producido un incremento en el valor de estos trabajos».

Aseguran a los más jóvenes que «(...) si te conviertes en miembro de uno de esos grupos, tendrás buenos resultados. Si ocurre lo contrario, es posible que sigas obteniendo buenos resultados, pero tu posición será más precaria».

Los que llaman *owners* ofrecen más riesgo para la humanidad que una posible IA que se revuelve conta el ser humano. Incluyen empresas tecnológicas que poseen grandes plataformas digitales (por ejemplo, Amazon, Google, Meta) que operan con economías de escala y de red, y capturan altos beneficios del capital tecnológico. Paralelamente están los fondos de inversión, capital de riesgo y grandes accionistas que financian, poseen o controlan esos activos tecnológicos, infraestructuras de datos o plataformas automatizadas. Y lo más preocupante son los individuos con participaciones significativas en esos activos que se benefician directamente del crecimiento de esos capitales más que de su fuerza laboral. Pienso que no hace falta dar nombres.

La burbuja que mencionamos se basa, en el fondo, en la venta de lo que «no existe» o al menos de productos fraudulentos. En eso se asemeja a la gran crisis del 2008 con el juego económico de los productos financieros tóxicos, como el empaquetamiento y reventa de hipotecas de alto riesgo o la venta de futuros y derivados. En el caso de la llamada IA tenemos una situación en la que faltan personas técnicamente preparadas para el desarrollo que se demanda. Sirvan de ejemplo algunos estudios recientes. Parece que la demanda de talento en IA supera la oferta en una proporción de 3,2 a 1[1]; el estudio de Bain & Company (2025) destaca que las vacantes relacionadas con IA han crecido un 21 % anual desde 2019, mientras que el número de candidatos cualificados no ha acompañado ese ritmo[2]. El informe «Employment Outlook 2023: Artificial Intelligence and the Labour Market», de la OCDE, afirma que, aunque se reconoce la importancia de las habilidades en IA, «la mayoría de políticas y estrategias… proponen pocas medidas suficientes para desarrollarlas». Según la revista Forbes, existe además una brecha de género relevante: en una encuesta global, más del 70 % de los trabajadores que declaran estar cualificados en IA son hombres, frente a solo el 29 % que son mujeres[3]. Admitiendo, por tanto, esta falta de personas preparadas, sorprende que haya tantas empresas e instituciones que oferten realizar proyectos con utilización de IA. Más todavía sorprende la oferta de formación en este campo admitiendo la falta de personal preparado para dar esa formación. Quizá en todo esto haya un cierto fraude, o al menos venta de cuestiones colaterales, atractivas incluso, como si de verdadera IA se tratara.

Benjamins y Salazar García (2021) relatan con bastante acierto las realidades actuales y las ficciones de

---

[1] https://www.secondtalent.com/resources/global-ai-talent-shortage-statistics/?utm_source=chatgpt.com

[2] https://www.bain.com/about/media-center/press-releases/20252/widening-talent-gap-threatens-executives-ai-ambitions--bain--company/?utm_source=chatgpt.com

[3] https://www.forbes.com/sites/josiecox/2024/11/12/ai-skills-gaps-threaten-to-exacerbate-labor-shortages-study-shows/?utm_source=chatgpt.com

este campo. Oliver (2022) considera de modo ponderado los riesgos reales de la IA para nuestra sociedad, juzgados en el momento presente. Sobre un futuro que no se conoce es fácil hablar y hacer especulaciones. En mi opinión, los científicos hemos de ser muy prudentes sin desarrollar sentencias poco o nada confirmadas y al mismo tiempo advirtiendo de los verdaderos peligros que, como todo instrumento, tiene la IA.

Automatización del mundo laboral

Como es lógico, ante las nuevas capacidades de la IA, una pregunta muy pertinente es si desaparecerán algunas profesiones, en qué medida y cuáles. Incluso la investigación científica y el propio desarrollo tecnológico se ha puesto como posible profesión a desaparecer tal como la entendemos hoy. Una vez más hay mucho fantaseo con predicciones y noticias parciales, por no llamarlas *fake news*.

Hace poco más de un año leí una noticia en la que se anunciaba que un equipo de investigadores japoneses en colaboración con investigadores de Oxford y British Columbia habían desarrollado una IA, llamada SAKANA, capaz de realizar una investigación desde el planteamiento del problema, establecimiento de las hipótesis, experimentación y análisis hasta la escritura y envío del artículo. Me resultó sospechosa la noticia e indagué un poco más. Tuve que leer la noticia hasta el final para comprobar que la investigación era de Machine Learning y que había consistido en lo siguiente. SAKANA toma un algoritmo existente y mediante simulaciones trata de hacer algún cambio que lo mejore en algún sentido, por ejemplo, en rapidez. Una vez detectado el cambio que conduce a alguna mejora, se presentan comparaciones y se sacan conclusiones. A partir de ahí, escribir un artículo con una revisión del estado del arte, la metodología empleada y los experimentos, que en este caso son meras simulaciones procedentes de algoritmos existentes, comparaciones, gráficos y conclusiones, no es especialmente complicado. No le quito mérito a SAKANA al poder hacer una cosa así ella sola, pero este tipo de investigaciones, aunque abundan mucho, incluso en supuestas buenas revistas, no es el más valorado por la comunidad académica. Desde luego, no es una investigación especialmente creativa, como suelen serlo las que marcan hitos en la historia de la ciencia. Indudablemente, utilizar instrumentos de IA, y en particular de IA generativa, para realizar investigaciones es de una enorme utilidad y personalmente recomiendo utilizarlas con buenas prácticas.

Convivencia entre el ser humano y la IA

Estamos abocados a convivir con la tecnología. De hecho, llevamos haciéndolo durante toda la historia de la humanidad. La tecnología, desde la más básica hasta la que ahora llamamos IA, ha sido compañera del ser humano y lo seguirá siendo. Lo que hay de nuevo es un instrumento que se parece más al ser humano que otros instrumentos, como es, por ejemplo, un vehículo. Eso abre la puerta a confusiones no deseables, que en algunos casos ya se han convertido en patologías concretas. La llamada IA ayuda al ser humano en mayor medida de lo que venían haciéndolo otros instrumentos y eso es algo muy bueno. La convivencia ha de ser la de un ser humano con un instrumento, por sofisticado que sea, y por eso no se le ha de dar la consideración que tiene el ser humano.

El principio general es claro y probablemente aceptable por todos sin mayor debate. El problema es cuando bajamos a casos concretos. Sirva el siguiente ejemplo, que además es objeto de mucho debate. En occidente vivimos en una sociedad en la que cada vez hay más gente que vive sola, o al menos está una buena parte del día sola. La lectura, la televisión o un animal de compañía han sido elementos típicos para acompañar a estas personas, y de hecho siguen siéndolo. La llamada IA también puede contribuir a esto, quizá incluso de una manera más personalizada y adaptada a la situación particular de la persona, mayor, enferma o simplemente sola. Llegados a este punto, todos pensamos en algo que podría ser real en un tiempo más o menos largo. Es el caso de una IA con aspecto físico humano, a la que se podría tomar un cierto cariño, como ocurre con un animal. La diferencia es que el animal no habla, facultad consecuente de nuestra inteligencia humana. Pienso que también estaremos de acuerdo en aprovechar estas posibilidades que nos ofrece la nueva tecnología, siempre que no se considere desde ninguna parte como un sustituto de la relación humana, por atractiva que sea la otra. Resulta muy atrayente que no te lleve la contraria, que no se desanime ni se enfade, que sea educada y que te acabe diciendo lo que quieres oír.

Se despliegan en el presente y cara al futuro retos morales, o humanos en general, de gran calado. Todo lo que supone progreso tiene su posible uso perverso o al menos su utilización con consecuencias imprevisibles o no deseadas. Basta pensar en la historia de la energía nuclear. Obviamente, esto no es motivo para frenar la investigación y el desarrollo tecnológico o para prohibir su uso ante la más mínima sospecha. La conclusión, más bien, es que hay que estar «humanamente» preparados para afrontar estos avances a la velocidad que vienen.

La educación en virtudes es fundamental para afrontar la vida en general y en particular para los retos y riesgos del uso de la IA. Se abre ante nosotros un campo inmenso, al que es difícil, si no imposible, poner puertas. La educación en el uso y aprovechamiento de lo que la IA nos proporciona tiene dos vertientes. Por una parte, el conocimiento de la tecnología que hay detrás y cómo funciona, ayuda a predecir las consecuencias del uso que le demos. Esta formación la recibirá cada uno a su nivel, pero sin ahorrar medios y profundidad. Por eso parece oportuno incluir estos temas en la enseñanza más elemental, del mismo modo que las matemáticas están ahí desde el principio. Por ejemplo, enseñar a los niños los fundamentos de la programación informática, paralelamente a las matemáticas, ayudará a formar cabezas preparadas para afrontar estos retos. Por otro lado, está la tradicional formación en virtudes, que fácilmente se adaptará a ese progreso tan veloz.

En este sentido, una persona que sabe cómo funciona la IA, que conoce los modelos, algoritmos y el código que hay detrás, será menos propensa a este tipo de apego irracional. Por eso la utilización de estos medios debería requerir una formación, más o menos básica, previa.

¿Llegará a existir una IA indistinguible de la mente humana?

Alan Turing (1912-54) diseñó un test cuyo objetivo era evaluar si una máquina puede imitar el comportamiento humano hasta el punto de que un observador humano no pueda distinguirla de una persona. Un ser humano mantiene un intercambio de texto con dos entidades: una humana y una máquina. Si no puede saber quién es quién, se considera que la máquina ha pasado el test. Se está poniendo a prueba aquí la simulación del comportamiento humano, no su experiencia interna.

En la película *Blade Runner* aparece un test distinto, el llamado test de Voight-Kampff, cuyo objetivo ahora es detectar si un individuo es un replicante, es decir, un androide artificial o un humano, midiendo sus respuestas emocionales a estímulos éticos y morales. En este caso se le hacen preguntas diseñadas para provocar una reacción emocional empática, por ejemplo, un niño a punto de ser atropellado por un coche sin que nadie pueda ayudarle. El juez ahora mide las reacciones fisiológicas del sujeto. En realidad, no pretende medir la emulación de la inteligencia humana, como en el test de Turing, pero no hay una desconexión absoluta entre uno y otro. Se basa en la idea de que los replicantes carecen de respuestas emocionales genuinas.

El test de Turing busca la capacidad de detectar la máquina, mientras que en el de Voight-Kampff se busca detectar la falta de humanidad. Los dos se complementan en una idea que resulta esencial en todo esto. La humanidad no está definida solo por la inteligencia, sino también por sus sentimientos y emociones. Se podría decir además que la IA solo imita una parte de la inteligencia humana y no toda en su conjunto. A esto habría que añadir algo esencial al hombre, que es su libertad, aunque quizá esto sea lo más fácil de emular cara a un observador externo. Estas ideas nos ponen ante la inquietante pregunta sobre la frontera entre humano y máquina.

Vamos a considerar todo esto de un modo más sistemático, que puede ayudar a dar respuesta a la cuestión anterior, o al menos a una reflexión sobre ella. Se podría decir que los siguientes elementos son exclusivos de la mente humana:

- El *aprendizaje (learning)* es una de las características que más se repiten para caracterizar lo que se entiende por IA *(machine learning, deep learnign, active learning…)*. También existe un aprendizaje animal, que se distingue del humano. El aprendizaje artificial está más basado en una capacidad cuantitativa, que supera a la humana, pero que no posee la capacidad cualitativa, que caracteriza al ser humano. Por ejemplo, para la maquina, una línea continua es una secuencia de puntos, que pueden ser tantos y tan juntos, que llega a parecer que es continua al ojo humano.

Sin embargo, un ser humano puede imaginarse y dibujar una línea continua con un bolígrafo sin problema. Para la máquina, el tiempo es una sucesión de momentos que van a saltos, mientras que para el ser humano es un continuo, un abstracto. Por otro lado, decimos que la máquina es capaz de hacer cálculo simbólico y, de hecho, esto es de gran ayuda para los desarrollos matemáticos. Sin embargo, no hace más que utilizar un conjunto de reglas para ese razonamiento, que no se puede denominar abstracto.

- *Abstraer conceptos:* Alimentando el algoritmo con una buena muestra de datos, este puede ser capaz de distinguir un gato de otro animal, pero no adquiere su concepto. Se equivocará en situaciones que se alejen de los datos que lo alimentaron, pero pueden perfeccionarse mucho y llegar a dar la impresión de que han adquirido el concepto. A veces tienen mayor capacidad que un ser humano para distinguir a un gato de un perro. Hay perros pequeños que pueden dar la impresión de ser un gato y engañar así a un ser humano. Al mismo tiempo hay innumerables ejemplos de fallos estrepitosos del algoritmo, que un humano nunca cometería. Es clásico el de un algoritmo que fue entrenado para distinguir osos polares. Se alimentó con una gran cantidad de osos polares, siempre en su ambiente natural, que suele tener un fondo nevado. Al ponerle delante una fotografía de un oso polar con un fondo con sol, hierba verde y palmeras no fue capaz de distinguirlo.

- Establecer relaciones de *causalidad* es también algo propio del ser humano. Se puede detectar que dos variables están correlacionadas, pero eso no quiere decir que una sea causa de otra. No obstante, la llamada inferencia causal es un tema de investigación muy actual en el que se han hecho muchos avances. Uno de los pioneros es Judea Pearl. En su reciente *El libro del por qué* (2018) aborda cuestiones filosóficas de modo un tanto materialista. Considerando variables mediadoras y moderadoras, identificando variables confusoras o realizando algunos experimentos, se puede llegar a inferir relaciones de causalidad. Un ejemplo clásico es si usar cinturón de seguridad salva vidas o si los que lo llevan lo hacen porque son más prudentes y, por tanto, tienen menos accidentes. Un experimento perfecto para demostrarlo consistiría en hacer un seguimiento durante unos años de dos grupos elegidos al azar. A un grupo se le pediría que use el cinturón de seguridad y a otro, que no. Pero este experimento parece poco viable y sobre todo poco ético, además de ilegal. En este caso se debería incluir una variable que midiera adicionalmente la prudencia de cada conductor seleccionado al azar. Esta variable se podría medir con un proxi, es decir, una variable medible que puede considerarse muy correlacionada con la prudencia. Por ejemplo, se les podría preguntar, por ejemplo, acerca de algunas rutinas y hábitos en su vida que evidenciaran cómo de prudentes son en sus actuaciones. Esta variable moderaría la medición de la influencia real del cinturón de seguridad en salvar vidas.

- La *creatividad* no sale de un buen corta-pega, cosa que hace muy bien la IA, logrando obras de «arte» muy valoradas. Para ello ha utilizado otras obras de artistas consolidados. Así y todo, los sistemas expertos que juegan al ajedrez son capaces de desarrollar sus propias estrategias no desarrolladas por nadie hasta el momento. Esto podría dar la impresión de la existencia de cierta creatividad. Esto no es tan sorprendente cuando se tiene en cuenta la capacidad de considerar una cantidad inmensa de jugadas, y por tanto estrategias, posibles en cada momento. Se podría decir que la IA es capaz de crear obras basadas en un bagaje de obras de arte. Salvando las distancias, es algo parecido a la distinción entre un cuadro de Murillo auténtico y otro creado por la «escuela de Murillo».

- Toma de decisiones *(libertad)*: los cálculos de la mejor opción se hacen en base a diversos criterios, lo que significa que casi nunca hay una mejor solución en todos los sentidos. Esto mismo hace que la toma de decisiones de una IA pueda asemejarse a la del ser humano. Además, se pueden añadir componentes aleatorios, que hagan las decisiones más vulnerables, como le ocurre, de hecho, al ser humano. Eso daría mayor apariencia de humanidad. En todo caso, estos sistemas expertos se utilizan para ayudar al ser humano a tomar decisiones y lo más apropiado es que, siempre que sea posible, la decisión final sea humana.

El ordenador cuántico

El ordenador cuántico está cada vez más cerca. Tiene sus limitaciones, que se están solventando poco a poco. Sin duda supondrá un salto muy grande para el que nos vamos preparando, y por eso no nos pillará totalmente desprevenidos, pero es probable que haya un salto con repercusiones insospechadas.

Se suele decir que los ordenadores actuales se reducen a un juego de ceros y unos. Esto es bastante cierto. Con ceros y unos podemos representar todo, ¿también una secuencia de un vídeo?... también. De mismo modo que todos los números posibles son representables con los 10 dígitos del sistema decimal, también pueden serlo con el sistema binario. Así el número 0 está representado por el 0 y el 1 por el 1, como es obvio. Para el 2 hemos de elegir la siguiente combinación de ceros y unos más simple posible, para la que necesitamos al menos dos dígitos. Así, lo natural es que el 2 sea 10, el tres sea 11, el 4 sea 100 y así sucesivamente. Con los decimales se actuaría de modo semejante. Las letras pueden ser representadas también por números. La American Standard Code for Information Interchange (ASCII) creó un estándar de referencia en los años 60 para representar texto en ordenadores. Así, asignó a cada carácter (letras, números, signos, etc.) un número entero entre 0 y 127. No casualmente, hay 128 combinaciones de 8 dígitos que sean ceros o unos. Estas secuencias de 8 dígitos de ceros y unos se llaman **bytes** y son la base de todo lo demás. Cada uno de esos dígitos es un **bit**, que se asemeja a un interruptor o una bombilla (0 significa apagado y 1 encendido). Es algo arbitrario, pero que se ha tomado como referencia universal. Así, los números de 0 a 31 se reservaron a caracteres de control, tipo «salto de página», 32–47 para signos de puntuación y espacio, 48–57 para los dígitos de 0 a 9 y a las letras les correspondió 65–90 para las mayúsculas y 97–122 para las minúsculas. Así, la letra A es el número 01000001.

Pero ¿y un color?, ¿cómo se puede representar con números un color? Algo que facilita mucho las cosas es que todos los colores son combinaciones del rojo, el amarillo y el azul. Por tanto, basta representar con números la proporción de cada uno de estos colores (RGB). Por ejemplo, el color rosa viene representado por tres números, en este orden: 11111111, 11000000, 11001011.

Perdonará el lector que nos hayamos introducido un poco en el «barro» de la informática, pero esto puede ayudar a entender el potencial de la computación cuántica. Parece costoso que algo tan sencillo como la letra «h» haya de representarse con el número 01101000, con un cierto coste de almacenamiento y tratamiento. La computación cuántica sustituye el *bit* (0 o 1) por una combinación lineal del 0 y del 1, esto es, un *q-bit* es a la vez un 0 y un 1. Procesando estos *q-bits* de manera conjunta por algoritmos cuánticos, se obtienen nuevas secuencias de *q-bits* cuyas combinaciones lineales pueden ser controladas y modificadas de manera constructiva o destructiva en función de los problemas a resolver, lo que permite acelerar ciertos cálculos. Por su constitución, los *q-bits* son inestables, lo que lleva a errores en los cálculos. Es necesario, por tanto, conseguir que los errores sean suficientemente despreciables para compensar la velocidad de cálculo. Para ello hace falta lograr *q-bits* estables y escalables con baja tasa de error ($<10^{-6}$). Además, actualmente trabajan a temperaturas cercanas al cero absoluto (273,15 grados centígrados bajo cero), que se logra con refrigeradores enormes y carísimos. Es necesario desarrollar tecnologías cuánticas estables a temperatura ambiente o con refrigeración mínima. Un ordenador cuántico útil necesitará miles o millones de *q-bits* lógicos corregidos. Hoy, los sistemas comerciales tienen entre 50 y 1000 *q-bits* físicos, pero no todos son utilizables de forma fiable. También es necesario un *software* cuántico maduro.

Probablemente, los ordenadores cuánticos no reemplazarán a los clásicos, sino que trabajarán en conjunto. La seguridad y estandarización es también una pieza clave. En particular, la así llamada criptografía postcuántica ha de hacer frente a ciberataques de otro orden.

Buenas prácticas y uso eficiente

El uso medio diario en redes sociales en 2025 ronda las 2 horas y 24 minutos[4]. Esto es una parte importante de nuestra vida. Prudencia y sentido común son la base de los modos de hacer adecuados. Todos sabemos que el sentido común no es tan común como debiera ser, y además la ignorancia hace muy difícil su aplicación. En este apartado intentaremos dar luz sobre la actuación digital en algunos casos típicos, sin pretender ser exhaustivos ni constituirnos en autoridad irrefutable. Parafraseando a Groucho Marx, diría que esta es una propuesta de buenas prácticas, pero si no le gustan, tenemos otras. Acudiendo al refranero popular, po-

---

[4] https://sonary.com/content/social-media-statistics-the-game-changing-data/?utm_source=chatgpt.com

dríamos adaptar uno muy conocido del modo siguiente: «Muéstrame los mensajes que envías y te diré cómo eres» o, en formulación bíblica, «por sus mensajes los conoceréis».

Existen muchas herramientas tecnológicas, algunas de ellas utilizan modelos de IA, que nos ayudan a organizarnos y organizar nuestro trabajo. Sin ir más lejos, el calendario de Google y otras plataformas son herramientas extraordinarias, con sus recordatorios y sugerencias. Además, podemos compartirlo con otras personas, lo que ayuda a planificar entrevistas y reuniones. Adicionalmente hay un abanico de herramientas, que bien utilizadas pueden hacernos ganar tiempo y minimizar esfuerzos, por ejemplo, en la planificación y distribución de actividades en un grupo de trabajo. También es cierto que, siendo muy eficaces, a veces nos llevan a perder el tiempo o crear equívocos y malos entendidos. Por eso me parece importante tener en cuenta que el orden tecnológico no suple al orden personal (la virtud del orden), que es realmente lo importante. Un principio básico es que su uso nos ahorre tiempo, al menos a no muy largo plazo. Por eso vale la pena recapacitar de vez en cuando para evaluar el uso que hacemos de la tecnología.

Por supuesto hay un plano del entretenimiento y descanso en el que el ahorro de tiempo no es la clave. También ahí la IA puede ayudarnos a descansar de una manera moderada y siempre bajo nuestro control.

A continuación, se dan algunas reflexiones sobre los mensajes, bien sean de correo electrónico o de chats tipo WhatsApp. Son solo propuestas o cuestiones para pensar, en las que el lector puede no estar de acuerdo. Trataremos de plantearlas de un modo abierto, huyendo del maximalismo, con el objetivo de hacer pensar sobre ello. Dar reglas generales en esto, que además es bastante novedoso, no es adecuado.

La primera consideración es hasta qué punto tengo derecho a enviar un mensaje a una persona. Poniéndonos al otro lado, ¿tengo obligación de responder a todos los mensajes? No me estoy refiriendo a mensajes publicitarios o informativos, sino a aquellos en los que hay una persona conocida, que es emisora del mensaje. Obviamente, estas cuestiones tienen distinta respuesta, si es que la tienen, en el terreno laboral y en el personal. En el terreno laboral, si un mensaje proviene de una persona a la que compete el tema y este es razonable, sí habrá obligación de responder. En el ámbito personal, esto es mucho más delicado. En los últimos años se ha multiplicado la generación de mensajes, especialmente de chats. Por eso, muchas personas se niegan a formar parte de un grupo en el que se generan muchos mensajes que consideran inútiles. A veces es un grupo en el que de vez en cuando se envían mensajes importantes, que muchas veces quedan enterrados entre muchos otros, que podríamos llamar «basura». Dicho esto, pienso que se podría afirmar con rotundidad que a veces no tenemos derecho a enviar determinado mensaje a una persona y, por tanto, mucho menos a recibir respuesta.

En general, la no respuesta no debería tomarse con impaciencia. Puede ser debida a que el receptor no ha podido leerla, por los motivos que sean, que no ha querido responder o que está esperando a tener un momento o una información determinada para responder con calma. Esos casos pueden resolverse con una llamada telefónica o, en ocasiones, con la ridiculez de recorrer 20 metros para decírselo personalmente.

Incluso, en el caso en el que se deba una respuesta, vale la pena considerar que lo que no urge, no urge, y menos si es importante. Vale la pena el desarrollo de la paciencia en un mundo en el que esperamos respuestas inmediatas a todo. Sacar provecho de la espera es muy sano para el ser humano. Resumiendo, no esperar respuesta necesariamente, a la que quizá no tengamos derecho, da mucha paz interior.

Si disponemos de una cuenta activa de correo electrónico o un teléfono que apenas usamos, esto puede generar malos entendidos y tensiones. Por ejemplo, alguien podría utilizarla para transmitir o consultar un asunto importante. Si la cuenta o teléfono están inactivos, se recibirá un mensaje de advertencia y el emisor buscará otra dirección o teléfono. Sin embargo, si está activo, puede quedarse con la tranquilidad de haber puesto en su conocimiento un tema importante. Supongo que incluso podría tener validez jurídica.

Un mensaje tiene una ventaja esencial frente a una llamada o una conversación. Queda registrado, para ambos, transmisor y receptor; más aún si se pone a otros en copia. Merece la pena distinguir los siguientes elementos de un mensaje para acertar en su formato, tanto en la emisión como en la recepción:

- **Para**: Persona o personas a las que va dirigido un mensaje y de las que se espera una actuación.

Pueden ser también meramente informativos. Esto ha de quedar claro en el mensaje. Si va dirigido a varias personas y se espera una actuación, es importante precisar qué se espera de cada una de ellas. De lo contrario, puede sembrar confusión de modo que cada uno piense que es otro de los destinatarios el que ha de actuar. Ejemplo:

Ulises, Penélope,

Os informo que hoy ha salido el sol puntualmente.

@Penélope, ¿podrías tejer un jersey a la luna por si mañana no saliera el sol?

@Ulises, espero el informe de las sirenas para mañana antes de las 14.00.

...

— **Cc**: Persona o personas a las que se desea informar del envío de un mensaje. Las razones pueden ser:

- Mantenerles informados de una comunicación.

- Que los que lo reciben sean conscientes de que esas personas están informadas.

- Poner a esas personas como testigos de una comunicación.

— **CCO**: Persona o personas a las que se desea informar del envío de un mensaje, pero sin que los que lo reciben sean conscientes de ello.

En principio, no se espera actuación por parte de Cc o de CCO. Al recibir un mensaje conviene calibrar en cuál de las tres categorías nos encontramos, para actuar en consecuencia.

Al escribir un mensaje (email, WhatsApp, etc.), es importante ponerse en la posición de la persona que va a recibir el mensaje. Vale la pena pensar cómo puede recibirlo e interpretarlo la otra parte. En ese momento puede estar condicionada por otros sucesos y valorar una simple información como una crítica o una queja. Un chiste que le encuentra en un momento delicado, podría interpretarlo en serio y generar un malestar que no se pretendía en absoluto. En definitiva, hemos de ser conscientes de que, aunque lo escribamos con una sonrisa, la otra persona puede leerlo en un momento malo o, por ejemplo, no entender un comentario jocoso como tal.

Al redactar el texto, podemos pensar en hacerlo como si eventualmente pudiera leerlo cualquiera. Eso ayuda a moderarse y sobre todo a no ser agresivo ni hacer juicios temerarios. En definitiva, ayuda a ser prudente.

Los mensajes más delicados o que nos pillan en un momento malo es aconsejable dejarlos reposar antes de enviarlos, por ejemplo, después de leerlo de nuevo al día siguiente. A veces un chat Bot puede ayudarnos a moderarlo si lo hemos escrito con un cierto enfado. El daño causado por un malentendido en un mensaje puede resultar irreversible o difícil de reconvertir.

Los *mensajes masivos,* es decir, aquellos enviados a un grupo de personas, que no tienen por qué ser cientos, con frecuencia desencadenan reacciones no deseadas. Por este motivo vale la pena pensar muy bien la oportunidad de enviar un mensaje masivo y, si se decide hacerlo, contrastarlo con otras personas y buscar la claridad y corrección para evitar que haya de enviarse otro adicional.

De modo semejante, los bombardeos de mensajes no suelen ser muy efectivos y pueden crear malestar en algunas personas que, por ejemplo, no se atreven a salirse del grupo de WhatsApp para que nadie se sienta molesto. Pero también se refiere esto a mensajes que no van dirigidos a grupos, sino a una persona.

Siempre es de agradecer que los mensajes vengan firmados. Esto es especialmente importante si se emite desde una cuenta corporativa. De este modo se puede identificar claramente la persona que actúa.

Los mensajes o respuestas con audio son de gran utilidad cuando uno no tiene la disponibilidad, momentánea o permanente, de escribirlo. Tiene ventajas, algunas solo aparentes. Por ejemplo, se puede aprovechar un desplazamiento para grabarlo, pero eso se puede convertir también en una desventaja. Permite también transmitir una idea con explicaciones detalladas y abordar el tema desde distintas perspectivas, personales, sociales, psicológicas, medioambientales... Pero esto puede llevar a mensajes excesivamente largos repitiendo la misma idea con distintas palabras o incluso las mismas. Conviene, por tanto, que sean muy cortos y sabiendo que probablemente la persona que lo recibe no va a poder escucharlo inmediatamente. Se debe pensar bien lo que se quiere transmitir antes de comenzar a grabar. Eso lleva a evitar repetir eeee... u otras expresiones del tipo «pues eso» o «ya me entiendes», que solamente hacen el mensaje menos digerible. Este es un ejemplo de mala práctica de un audio:

É é é é… hola, Cayo, he leído tu mensaje y y y y…. bueno, ya sabes. Perdona si se entrecorta porque voy caminando, que tengo ahora una reunión… (con esto se puede rellenar un minuto largo en un tema que no viene al caso). Bueno, pero eee… vamos a lo que comentas. Estoy totalmente de acuerdo, eee… bueno, pero con matizaciones. Ya sabes lo que decía Schopenhauer acerca de los rusos y sus matrioskas (se puede aprovechar este inciso culto para alargar el audio un par de minutos largos). Como te decía, no veo claro…, bueno, ya me entiendes… Conviene acabar prudentemente del modo siguiente: «Bueno, lo mejor es que lo hablemos».

Al recibir un mensaje conviene también ponerse en la posición de la persona que escribe, por qué lo ha escrito, su posible estado de ánimo, qué espera de la persona que lo recibe...

La respuesta automática puede ser de gran utilidad para informar de una situación en la que no se espera responder con la celeridad habitual. Estas son algunas consideraciones para su uso adecuado:

- En algunos casos, no es necesario activarla y puede generar repulsa.

- Suele referirse al correo de trabajo, pero también podría utilizarse para el personal, por ejemplo, si uno quiere unas vacaciones digitales *off-line*, cosa que puede ser recomendable en ciertas ocasiones.

- Puede ser conveniente hacerlo si tiene responsabilidades administrativas o de gestión para evitar callejones sin salida. Especialmente en estos casos se agradece un contacto para asuntos urgentes, pero es importante asegurarse de que ese contacto funcione durante todo el periodo de ausencia digital. Que alguien reciba también una respuesta automática de ese correo puede ser fatal.

- Es importante dejar la fecha de vuelta a la atención normal de correo, al menos aproximada.

Retomamos ahora de nuevo la necesidad o conveniencia de responder o no a un mensaje con algunas reflexiones adicionales:

- Como ya se ha comentado, enviar un mensaje a una persona no da derecho automático a recibir una respuesta, al menos en términos generales.

- Aunque no haya obligación de responder a un mensaje en particular, si está personalmente dirigido, el emisor agradecerá que se le responda, aunque sea muy brevemente.

- Hay mensajes impertinentes o inoportunos a los que conviene no responder.

- Hay mensajes a los que conviene responder en persona, al menos por teléfono o por videoconferencia.

- Si vamos en Cc o CCO, no suele ser necesario responder, salvo que se vea conveniente dar acuse de recibo o matizar alguna cuestión del mensaje.

- Si se espera y se debe una respuesta, y vamos a tardar en responder, se agradece un mensaje acusando recibo y dando una estimación de cuándo responderemos.

- No responder masivamente a mensajes masivos, especialmente si son muchos los receptores. De ese modo se generan mensajes exponencialmente. En muchas ocasiones no es necesario responder tampoco al remitente. Hay que tener en cuenta que la definición de mensaje masivo está más en el mensaje en sí mismo que en el número de destinatarios.

- No parece buena práctica reenviar un mensaje sin el permiso de la persona que lo ha enviado, al menos implícito. Si es necesario, se puede comunicar la idea con nuestras propias palabras.

- Si queremos salirnos de una lista de distribución o de un grupo, ser sinceros y decir a todos que nos vamos a dar de baja. Es necesario crear una cultura en la que no haya reparo en hacerlo. Frases que se pueden utilizar:

  Chicos, os quiero mucho, pero me voy a salir del grupo porque estoy en varios grupos y recibo demasiados mensajes. Si hay alguna cuestión que me afecte, podéis comunicármela personalmente.

  Dame de baja en la lista de distribución porque, aunque lo que me envías es muy interesante, no puedo asistir nunca (o ya tengo mis fuentes para informarme sobre ello, o lo recibo por otras vías). Es probable que, cuando desaparezca el compromiso que ahora tengo, te pida que me incluyas de nuevo.

Vivimos en un mundo en el que hay pantallas por todos los sitios y corremos el riesgo de vivir *empantallados*. Del mismo modo que es de mala educación atender a otra persona mientras estamos en una reunión del tipo que sea, también lo es atender o consultar una pantalla. Cuando sea necesario hacerlo, puede ser preferible ausentarse para no molestar, después de haber pedido permiso y perdón (las dos cosas).

En una reunión en la que somos parte secundaria puede ser de buen gusto tomar notas en papel y olvidarse de las pantallas, aunque solo sea para no dar la impresión de estar distraído con otras cosas.

En general puede ser recomendable quitar sonidos que pueden resultar molestos para los que están alrededor, por ejemplo, en un lugar público como el tren. Pensemos qué ocurriría si todas las personas que viajan en el mismo vagón de un tren tuvieran activado el sonido al recibir un mensaje. Sería un auténtico guirigay, y a veces lo es.

Acabamos este apartado con un consejo general para aprovechar al máximo esta tecnología. Lo más importante es tener muy claro que la tecnología es para el hombre y no el hombre para la tecnología. Si no nos ayuda a aprovechar el tiempo, a ser más eficientes, a descansar de verdad, es que no la estamos utilizando correctamente. Para ello es recomendable hacer una evaluación de esa eficiencia de vez en cuanto o cuando se incorpora alguna novedad. Es esencial que el horario de uso lo controle yo y sea capaz de cortar en el momento previsto de antemano.

¿Existen límites insuperables?

El consumo de energía de la IA no es algo menor. Da la impresión de que todo funciona en una «nube» que no consume ni ocasiona daño a la naturaleza, pero no es así. Se viene diciendo que la energía es un límite claro al desarrollo de la IA, y es verdad. Pero también es cierto que la investigación busca algoritmos más eficientes que consuman menos energía. Actualmente, matamos moscas a cañonazos utilizando algoritmos que consumen mucha energía, que dan buenos resultados, pero que podrían hacerse más eficientes. También mejora la tecnología electrónica haciéndose más limpia y rentable. La propia IA podría ayudar a aprovechar mejor la energía.

Algo que ahorraría mucha energía en el mundo es que desaparecieran los ordenadores personales tan potentes que tenemos y que el trabajo duro se realice en la «nube», es decir, en unos servidores donde optimizamos el esfuerzo computacional. En lugar de los ordenadores actuales tendríamos un simple terminal que nos serviría para comunicarnos con la «nube» con un coste energético mucho menor. Esto sería además mucho más cómodo. Podríamos utilizar los terminales, que pueden estar distribuidos por el mundo o, en todo caso, utilizar nuestra propia terminal, mucho menos pesada y con un límite de batería mucho mayor que el actual. La tecnología está preparada para ello, pero existen algunos problemas fundamentales para que esto no sea una realidad. En primer lugar, las compañías tecnológicas están interesadas en que se compren ordenadores más y más sofisticados con la consiguiente ganancia. Por otro lado, el ser humano todavía no está preparado para asumir que sus datos, programas, etc., no están físicamente en su ordenador, sino en algún sitio que no controla. Se puede decir que tienen menos riesgo de pérdida de sus datos en la «nube» que en su ordenador personal, incluso están más seguros, pero ciertamente no es fácil de asimilar todavía en nuestra mente. Cuando hablamos de ordenador, estamos incluyendo también *tablets* y móviles, que también lo son.

El ser humano necesita tiempo para adaptarse a los cambios y en este terreno todo va muy deprisa. Cuando irrumpieron de modo masivo en nuestras vidas los ordenadores personales a mediados de los años 80, era muy típico que alguien te enseñara un pequeño diskette y alardeara de tener ahí varios libros completos. Esto auguraba que se reduciría el consumo de papel. Sin embargo, este se ha disparado, junto con el tóner necesario para imprimir. Este llega a ser, por ejemplo, una parte muy significativa del presupuesto de una universidad o un centro educativo.

Cuando estudiaba bachillerato, recuerdo que nos insistían en dos ideas sobre la energía, que se me quedaron grabadas. Por una parte, que el petróleo tenía los días contados y que en unos pocos años ya no quedarían reservas. Han pasado ya unos cuantos años desde entonces, más de lo previsto entonces, y seguimos con una dependencia del petróleo, que incluso va más allá de lo razonable. El hecho es que los vehículos consumen mucho menos que hace unos años, lo que ha permitido ahorrar. Además, han aparecido otros yacimientos donde parecía que no había o se han aprovechado mejor los que parecían exhaustos, gracias a nuevas tecnologías, algunas no exentas de polémica. Por otro lado, otras fuentes de energía alternativa ya están comenzando a ser rentables. La otra idea es que se esperaba que en treinta años ya sería una realidad el uso rentable y seguro de la energía por fusión nuclear. Hace unos años me decía un catedrático experto en energía nuclear que lo de los treinta años sigue siendo la meta y que probablemente dentro de treinta años se seguirá hablando de otros treinta.

Con respecto a la posible pérdida de control sobre nuestros propios algoritmos no me atrevo a opinar. Suelo decir que el descontrol de la manipulación genética me causa mucho más temor que la IA. Puede ser que estar menos versado en este tema me cause ese temor. Lo desconocido siempre causa una incertidumbre que se convierte en miedo. Un desarrollo biológico incontrolado puede ser mucho más dañino y más difícil de parar. No nos falta experiencia con la reciente pandemia de COVID. Siendo muy simplistas, una IA descontrolada se frena desenchufando. Obviamente no es tan sencillo y novelas y películas de ciencia ficción dan respuesta a un posible control de la energía por parte de la tecnología para conseguir autoabastecerse. En todo caso, no cabe ni siquiera la idea abstracta de desenchufar la biología. Sí asusta el uso de una IA avanzada en esa manipulación genética, de un modo u otro.

Determinadas sustancias químicas son capaces de controlar la salud mental, unas veces para bien, pero otras para mal. Del mismo modo existen ya determinados artefactos convenientemente programados que pueden intervenir en esa salud mental. Es un desarrollo que tendría consecuencias imprevisibles.

El temor a un apagón digital que acabe con toda o mucha de la información existente está ahí y no es despreciable. Es muy difícil predecir cómo de plausible es esto, así como las implicaciones que esto podría tener. Se buscan para evitarlo sistemas robustos que diversifican el almacenamiento de la información y que ante apagones parciales, como ya han ocurrido, el impacto sea mínimo.

EPÍLOGO:
PREPARADOS SIN MIEDO

Ya hemos comentado el riesgo de mucho profetizar en un campo tan novedoso, de rápido avance y en el que hay un conocimiento científico y técnico que no está al alcance de todos. En todo el libro se muestra la opinión del autor, que no ha de tomarse como la última palabra. Se han lanzado puntos de reflexión, que vale la pena considerar sin frivolidades ni superficialidad. Intentaremos recoger en este epílogo algunas de las cuestiones más relevantes que se han comentado.

- En la base del desarrollo de la IA está la rentabilidad económica. El riesgo de la acumulación de poder tecnológico en manos de unos pocos lleva consigo la acumulación de riqueza, pero también de imposición de estilos y modos de vida. Incluso podrían llegar a dejar el concepto de nación en un lugar puramente decorativo de modo que la pura economía empresarial sea la que mueva el mundo.

- El *smartphone* es una puerta de entrada a nuestra intimidad, que condiciona nuestra libertad.

- La educación, incluso muy técnica, es decir, saber cómo funciona una determinada IA, hasta donde cada uno pueda, ayuda a estar protegido contra los riesgos asociados al uso de la IA.

- La IA debe estar al servicio de la persona humana, nunca sustituirla ni deteriorar las relaciones humanas.

- La responsabilidad ha de ser compartida entre creadores, usuarios, educadores y reguladores.

- La emulación del comportamiento humano puede llegar muy lejos. Se podría decir en todo caso que lo que hace un ordenador lo podría hacer también un ser humano si tuviera espacio y tiempo, aunque habitualmente eso no es posible. Piénsese en una simple calculadora capaz de multiplicar dos números muy grandes.

- La manipulación del comportamiento humano con informaciones falsas *(fake news)*, pero verosímiles, por ejemplo, en la creación de opiniones públicas, resultados de procesos democráticos, etc., puede acelerarse con el mal uso de la IA. Esto minaría, ya lo está haciendo, la prevalencia de la verdad.

- El peligro de la toma de decisiones automatizadas sin la intervención humana está y estará cada vez más presente. Es importante que el ser humano esté en los momentos clave. Son una ayuda, una referencia, no un sustituto que nos deja tranquilos, incluso moralmente. Casi siempre se puede esperar a tomar una decisión.

- La IA generativa está teniendo un desarrollo y unos resultados espectaculares. La ayuda para el ser humano es algo muy bueno a la vez que tiene sus riesgos.

- Es muy importante ser conscientes de la fragilidad de estos modelos, que pueden cometer errores, en ocasiones muy grandes. Es importante la revisión crítica y profesional de los resultados. La velocidad con la que se obtienen resultados a veces tiene un precio.

- La regulación del uso y cesión de datos es un problema a estudiar. Una legislación adecuada no debe impedir o ralentizar la productividad. Las actuales leyes de protección de datos generan montones de texto en determinados documentos, que se repiten y multiplican al enviar y responder mensajes. Eso tiene un coste energético importante que debería evitarse. Resulta materialmente imposible leer todo el texto que se genera y que uno debería leerse cuando recibe un mensaje, cuando se da de alta en una aplicación o en un sistema, etc. A fin de cuentas, si no se leen, no cumplen su función. Es una letra pequeña inútil y muy cara.

- Existe un nuevo paradigma laboral, que requiere una formación adecuada de las personas a todos los niveles, jóvenes y mayores.

- Ha de primar siempre la dignidad y el bienestar de las personas. Muchas veces, el sesgo no está en los algoritmos, sino en los datos, que son reflejo de un sesgo y unas discriminaciones que están en la misma sociedad. No es correcto inculpar a la IA de esto.

- Por desgracia, en lugar de centrarse en estos riesgos tangibles, la conversación pública se ha centrado en un hipotético riesgo existencial de la IA que llevaría a la esclavización o a la extinción de la especie humana. Mientras tanto, hay millones de personas en el mundo que son altamente vulnerables; que viven con menos de 1 dólar al día o afectadas por las más de treinta guerras que hay en marcha en estos momentos con sus encarnizadas persecuciones y maltrato de seres humanos. Son personas reales cuyas vidas corren grave peligro hoy en día, sin que ninguna súper IA intervenga o vaya a intervenir. Es imprescindible centrar la investigación, la política y la opinión pública en riesgos reales.

- Quizá este libro haya defraudado a aquellos que esperaban encontrar consejos prácticos y tangibles sobre el uso del móvil para niños, jóvenes y adultos. Es un tema controvertido, con muchos estudios en marcha, unos en una dirección y otros en sentidos diversos e incluso contrarios. Ni este era el tema del libro, ni me siento capacitado para ofrecer este tipo de ayuda, que, por otro lado, es de radical importancia. Puede leerse el artículo de L'Ecuyer et al. (2025) para ver la complejidad del tema, que genera tanta controversia y políticas educativas encontradas.

- El último mensaje del libro se resume en «que me dejen hacer lo que me dé la gana». Puedo usar una *tablet* con todo tipo de ayudas para planificarme, leer, guardar documentos, conectarme a la red… y un largo etcétera de funcionalidades. Pero si prefiero leer en papel, si me gusta el olor de los libros, si disfruto escribiendo con tinta y papel de verdad, si prefiero perderme en una ciudad mientras busco el lugar de destino, si quiero utilizar dinero en metálico… que, por favor, me dejen hacerlo. También pido que fácilmente pueda pedir a un ser humano que me ayude a comprar un billete o preguntarle cómo se llega a tal sitio, aunque solo sea por el puro placer de hacerlo y de comunicarme con la gente del sitio que visito. Y sobre todo, que me miren a la cara cuando hablo y no a una pantalla. Y que no me graben sin pedirme permiso, salvo que sea por mi propia seguridad… Pero también que me dejen planificarme con un calendario digital si me ayuda y me gusta y me da seguridad. Y que me permitan comunicarme con los medios telemáticos… Dejo unos largos puntos suspensivos para que el lector ponga lo que quiera… Lo importante es no forzar a otros, más allá de lo razonable, a seguir nuestros gustos más o menos digitales o antidigitales. El ser humano necesita, disfruta y descansa haciendo cosas absurdas, como correr detrás de una pelota que se disputan otros 21 jugadores en un campo de fútbol o subir una montaña a pie cuando hay una carretera que llega hasta la cima. Espero que nunca nos priven de estas cosas aparentemente tan irracionales, pero tan humanas a la vez, a pesar de que tengamos tecnología para subir en coche o dar un balón a cada uno de los jugadores para que todos estén contentos.

REFERENCIAS BIBLIOGRÁFICAS

ADAMS, D., *Guía del autoestopista galáctico*, Editorial Anagrama, Barcelona 1979.

BENJAMINS, R., SALAZAR GARCÍA, I., *El mito del algoritmo: Cuentos y cuentas de la Inteligencia Artificial*, Lid Editorial, Madrid 2021.

BRYNJOLFSSON, E., MCAFEE, A., *Race Against the Machine: How the Digital Revolution Is Accelerating Innovation, Driving Productivity, and Irreversibly Transforming Employment and the Economy*, Digital Frontier Press, Lexington 2011.

CAO ABAD, R., *Ingenuas reflexiones de un estadístico en la era del* big data. *Boletín de Estadística e Investigación Operativa* (BEIO), 33(3): 295-321, 2017.

CARD, O.S., *El juego de Ender*, Tor Books, Nueva York 1985.

Congregación para la Doctrina de la Fe y Dicasterio para la Cultura y la Educación. «Antiqua et Nova:

Note on the Relationship Between Artificial Intelligence and Human Intelligence». Roma 2025.

O'NEIL, C., *Armas de destrucción matemática: Cómo el big data aumenta la desigualdad y amenaza la democracia*, Capitán Swing, Madrid 2017.

IA+IGUAL, *Libro blanco: un enfoque práctico, ético y normativo para desarrollar un estándar de certificación de IA en el ámbito laboral.* Comunicación de Valor Añadido SL, Madrid 2025.

L'ECUYER, C., ORÓN-SEMPER, J.V., MONTIEL, I.; OSORIO, A.; LÓPEZ-FIDALGO, J.; SALMERÓN, M.A., «Questioning the challenge to screen use guidelines», *Teoría de la educación*, 37(1), 129-149, 2025.

LEÓN XIV, *Diseñar nuevos mapas de esperanza*, Ciudad del Vaticano 2025.

HILL, DONALD R. (Trans.), *The Book of Ingenious Devices: (*Kitāb alḤiyal*).* Banū (sons of) Mūsā bin Shākir. Dordrecht, Holland: D. Reidel Publishing Company, 1979.

HUXLEY, A., *Brave New World*, Chatto & Windus, London 1932.

JUDEA, P., MACKENZIE, D., *The Book of Why: The New Science of Cause and Effec*t, Basic Books, New York 2018.

MILANO, V., BALLESTER BRAGE, L., SEDANO COLOM, S., NADAL ROIG, M., *Estudio sobre pornografía en las Illes Balears: acceso e impacto sobre la adolescencia, derecho internacional y nacional apli-*

cable y soluciones tecnológicas de control y bloqueo, Ed. Institut Balear de la Dona.

OECD, *OECD Employment Outlook 2023: Artificial Intelligence and the Labour Market*, OECD Publishing, Paris 2023. https://doi.org/10.1787/08785bba-en.

OLIVER, N., SCHÖLKOPF, B., D'ALCHÉ-BUC, F., LAVRAČ, N., CESA-BIANCHI, N., HOCHREITER, S., BELONGIE, S., «Inteligencia artificial: riesgos reales frente a amenazas hipotéticas», *The Conversation*, 2023. https://theconversation.com/inteligencia-artificial-riesgos-reales-frente-a-amenazas-hipoteticas-207942

ORWELL, G., *1984*, Secker & Warburg, London 1949.